미래를 읽다 과학이슈 11

Season 13

KB138950

미래를 읽다 과학이슈 11   *Season 13*

초판 1쇄 발행   2023년 2월 10일

글쓴이   이식 외 10명
편집   이충환 이용혁
디자인   이현미 문지현

펴낸이   이경민
펴낸곳   ㈜동아엠앤비
출판등록   2014년 3월 28일(제25100-2014-000025호)
주소   (03972) 서울특별시 마포구 월드컵북로22길 21 2층
홈페이지   www.dongamnb.com
전화   (편집) 02-392-6903 (마케팅) 02-392-6900
팩스   02-392-6902
이메일   damnb0401@naver.com
SNS   📘 📷 blog

ISBN 979-11-6363-122-4 (04400)

※ 책 가격은 뒤표지에 있습니다.
※ 잘못된 책은 구입한 곳에서 바꿔 드립니다.
※ 이 책에 실린 사진은 셔터스톡, 위키피디아에서 제공받았습니다.
   그 밖의 제공처는 별도 표기했습니다.

미래를 읽다

과학이슈 11

Season 13

이식 외 10명 지음

동아엠앤비

다누리 발사에서
반도체 기술 패권 전쟁까지
최신 과학이슈를 말하다!

들어가며

유행병에서 풍토병으로 바뀌어 가는 코로나19를 비롯해 우크라이나-러시아 사태로 인한 에너지 자원 공급 부족, 곳곳에서 관측된 기상이변으로 인한 식량난 등 수많은 이슈들이 2022년에도 전 세계를 뒤흔들었다. 이번 《과학이슈 11 시즌13》에서는 이러한 이슈들을 다양한 각도에서 바라보는 과학적 견해와 해결 방안에 대해 심층적으로 다루었다.

지난 8월 발사된 한국의 첫 달 탐사선 다누리는 달 상공 100km의 궤도에 진입한 후 1년간 우주인터넷 통신, 달 표면 편광 지도 제작 등 여러 임무를 수행하게 된다. 전통 우주 강국분 아니라 이에 도전하는 국가와 민간 기업들이 앞다퉈 우주를 향해 위성, 탐사선을 쏘고 있는 이른바 '뉴 스페이스' 시대가 도래해 치열한 '우주 전쟁'을 벌이고 있다. 이러한 상황 속에서 한국이 준비하고 있는 우주개발 전략에 대해 알아보자.

가죽은 오래전부터 의복의 재료로서 우리와 함께 해왔다. 대량생산이 가능한 섬유 직물의 시대가 왔지만, 여전히 가죽은 유용한 소재로 자리매김했다. 그러나 가죽 제품들에는 여러 문제가 있다. 일부 동물들의 멸종위기로 이어지기도 하고 제조 과정에서 생기는 폐기물도 만만치 않다. 이를 해결하기 위한 진정한 친환경 비건 패션은 어떻게 이룰 수 있을까?

수학계의 노벨상으로 통하는 '필즈상'. 허준이 미국 프린스턴대 교수가 한국계 최초로 필즈상을 수상했다. 필즈상은 노벨상과 달리 4년마다 1번, 만 40세 미만에게만 수여한다는 특별한 조건이 있다. 젊은 수학자들이 연구비 걱정 없이 수학 연구에 몰두할 수 있도록 하기 위함이다. 노벨상은 일생을 통틀어 이뤄낸 업적을 평가해 수상자를 정하는 반면, 필즈상은 향후 연구를 통해 인류에게 기여할 가능성을 평가한다. 이처럼 기대를 받고 있는 허준이 교수의 연구 의의에 대해 알아보자.

첨단기술의 주도권을 놓고 국가 진영의 다툼이 치열해지고 있다. 특히 생활과 산업의 모든 영역이 디지털화되면서 컴퓨터와 전자기기에 꼭 필요한 반도체의 중요성은 더욱 커졌다. 세계 반도체 시장에 중요한 지분을 차지하고 있는 한국의 현주소를 돌이켜 보고 미래를 전망해 본다.

최근 산업 전반에서 디지털 트윈이 주목받는 기술로 떠오르고 있다. 디지털 트윈은 가상공간에 특정 상황이나 조건에 맞는 현실공간을 디지털 기술로 쌍둥이처럼 만든 뒤 다양하게 시뮬레이션하며 현실을 분석하고 예측하는 것을 말한다. 특히 최근에는 가상현실과 증강

현실, 혼합현실이 디지털 트윈 기술과 결합하면서 메타버스로 재탄생하고 있다. 계속 진화하는 디지털 트윈은 우리를 어떤 미래로 데리고 갈까?

합성생물학은 일반적으로 생명의 구성 요소나 장치, 시스템을 새롭게 설계하고 제작하거나, 기존의 생명 시스템을 사용자의 목적에 맞게 재설계하는 학문 분야를 말하며 환경이나 식량, 의료 등 다양한 분야에서 연구되고 있다. 합성생물학 기술은 과연 인류가 직면한 많은 난제들을 해결하는 훌륭한 대안이 될 수 있을까?

현재 세계에서 가장 빠른 컴퓨터는 미국 오크리지국립연구소의 프론티어 시스템이다. 이는 최초의 엑사플로스 컴퓨터이기도 하다. 엑사급 컴퓨터의 등장으로 1초에 100경 번을 계산할 수 '엑사스케일'의 시대가 본격화한 셈이다. 선진국들이 앞다투어 큰돈을 들이며 슈퍼컴퓨터를 도입하는 이유와 당위성에 대해 알아보자.

이 외에도 지구온난화로 인한 기상이변, 드라마로 주목받은 고래 이야기, 차세대 우주망원경인 제임스웹 우주망원경이나 노벨상을 수상한 클릭화학, 고대 인류 게놈 해독, 양자 얽힘 현상 규명 등이 최근 국내에서 관심을 받았던 과학이슈였다.

요즘에는 과학적으로 중요한 이슈, 과학적인 해석이 필요한 굵직한 이슈가 급증하고 있다. 이런 이슈들을 깊이 있게 파헤쳐 제대로 설명하기 위해 전문가들이 머리를 맞댔다. 국내 대표 과학 매체의 편집장, 과학 전문기자, 과학 칼럼니스트, 관련 분야의 연구자 등이 최근 주목해야 할 과학이슈 11가지를 선정했다. 이 책에 소개된 11가지 과학이슈를 읽다 보면, 관련 이슈가 우리 삶에 어떤 영향을 미칠지, 그 이슈는 앞으로 어떻게 전개될지, 그로 인해 우리 미래는 어떻게 바뀌게 될지 생각하는 힘을 기를 수 있다. 이를 통해 사회현상을 심층적으로 분석하다 보면, 일반교양을 쌓을 수 있을 뿐만 아니라 각종 논술이나 면접 등을 준비하는 데도 여러모로 도움이 될 것이라 본다.

2023년 1월 편집부

contents

01

고래

ISSUE 1 생물학

김은호

일본 북해도대학대학원에서 수중음향을 이용하여 수산학 박사학위를 받았다. 짧은 기간 극지연구소에서 북극 생태계에 대한 연구를 했으며, 현재 국립수산과학원 고래연구센터에서 고래류 생태, 음향에 대해 연구하고 있다.

우영우가 좋아하는 고래는?

드라마 '이상한 변호사 우영우'의 주인공이 좋아한 고래 중 하나인 혹등고래 그림.
©gettyimages

드라마 '이상한 변호사 우영우'의 인기는 실로 대단했다. 우영우 변호사가 사건을 해결할 때마다 인기는 더욱 상승했으며, 인기에 힘입어 고래에 대한 관심 또한 급증하였다. 덕분에 올 한해 정말 많은 언론사와 일반 국민으로부터 고래에 대한 질문을 끊임없이 받았던 것 같다.

드라마의 인기가 최고조일 때는 아침부터 저녁까지, 퇴근 시간 후에도, 주말에도 고래에 관한 궁금증 문의에 참 정신이 없었다. 그 와중에 '일반인들의 고래에 대한 관심이 이렇게 많았었나? 도대체 언제부터?'라는 생각이 들었다. 왜냐하면 몇 년 동안 운영되어온 고래연구센터의 유튜브 구독자 수는 지금까지

드라마에서 우영우 역할을 한 배우 박은빈. ©나무액터스

100명이 채 되지 않아 고래에 대한 관심이 크지 않다고 생각하고 있었는데, 이렇게 많은 관심을 받는 걸 보니 단순히 고래연구센터의 유튜브 채널이 인기가 없었던 거였나 보다. 덕분에 최근 구독자 수는 200명 이상이 되었다.

고래연구센터는 2022년 또 다른 이유로 많은 관심을 받았다. 매년 수행하는 고래류 목시조사 중 2022년엔 동해 연근해 조사가 이루어졌으며, 그 첫 조사에서 그동안 보기 어려웠던 다양한 종류의 고래류가 동시에 발견되었다. 2022년 봄 조사에서는 향고래, 혹등고래, 밍크고래, 범고래, 흑범고래 등 총 8종 39군 2298마리가 발견되었고, 가을 조사에서는 참고래를 포함한 총 6종 24군 1639마리가 발견되었다(여기에서 종은 고래의 종류이고, 군은 발견 고래류 한 종이 한 마리 이상의 무리를 이루는 것을 말하며, 마리는 한 군이 이루는 고래의 마릿수이다). 봄 조사에서 향고래의 발견은 2016년 이후 7년 만의 발견으로 실로 모두에게 반가운 소식이었다. 또한, 드론을 활용하여 국내 최초로 우리나라 바다에서 유영하는 향고래 전신을 촬영하는 데 성공하였으며, 거대하고 장엄한 향고래의 모습은 우영우 변호사뿐만 아니라 국민 모두와 공유할 수 있었다. 가을 조사에서는 더 놀랍게도 참고래가 발견되었다. 참고래는 멸종위기종으로 지구상에서 가장 큰 동물 대왕고래 다음으로 큰 고

2022년 봄 동해 목시조사에서 발견된 향고래. 드론으로 촬영한 사진이다. ⓒ고래연구센터

2022년 가을 동해
목시조사에서 발견된 참고래.
ⓒ고래연구센터

래가 참고래이다. 이번 발견은 1999년 국립수산과학원에서 고래 목시 조사를 시작한 이후 첫 발견이며, 우리나라 근해에서 살아 있는 모습으로 발견된 것은 42년 만이다. 국립수산과학원에서는 2022년 조사를 통해 우리나라 동해 바다에 서식하는 해양포유류의 종 다양성 확인과 해양포유류에 대한 조사 연구를 지속적으로 해나가겠다고 하였다.

헷갈리는 고래 명칭[1]

드라마 '이상한 변호사 우영우'의 영향으로 고래의 인기와 관심의 증가가 매우 반갑고, 고맙다. 드라마 '이상한 변호사 우영우'에 언급된 고래는 범고래, 상괭이, 혹등고래, 향고래, 대왕고래, 귀신고래, (참)돌고래, 남방큰돌고래, 외뿔고래, 흰고래, 양쯔강 돌고래, 북방긴수염고래로 12종이다. 드라마의 영향으로 돌고래, 고래가 아닌 고래류 종마다 명칭으로 익숙하지 않은 고래종도 알 수 있게 되었다.

그러나 우영우 변호사도 잘못 말한 고래 종류가 있다. "긴수염고래는 이주성 동물입니다. 그러나 캘리포니아만에 사는 긴수염고래 400마리는 1년 내내 한 곳에만 머뭅니다. 6일이면 캘리포니아 전체를 통과할 수 있을 만큼 빠른 데도 전혀 이동하지 않는 거죠." 긴수염고래는 지역에 따라 유전학적 차이가 있어 남반구에 서식하는 남방긴수염고래,

1) 이 파트의 글은 다음 논문을 참조해서 정리했다.
  * 손호선, 아두해, 김두남. 2012. 한반도 근해 고래류의 한국어 일반명에 대한 고찰. 한국수산과학회지. 45(5), 513-522.
  * 손호선, 최영민, 이다솜. 2016. 한국어 일반명이 없는 고래 종의 영어 일반명에 대한 번역명 제안. 한국수산과학회지. 49(6), 875-882.

북대서양에 서식하는 북대서양긴수염고래, 북태평양에 서식하는 북방긴수염고래 3종으로 구분한다. 드라마 내용에서 캘리포니아라는 지명이 언급된 것으로 보아 우영우 변호사가 설명한 고래의 정확한 명칭은 북방긴수염고래이다.

실제로 다양한 고래가 소개되고 있는 일부 자료에서는 그 명칭이 잘못 사용되고 있다. 잘못된 정보가 제공되면서 고래를 처음 접하는 사람의 경우 잘못된 명칭을 접하게 되거나 잘못된 명칭이 틀린 줄 모르고 계속 사용하게 된다.

하나의 예로 향고래에 대한 오해를 들 수 있다. '향고래'에 관련한 기사 댓글을 살펴보면 '향유고래를 왜 향고래로 오기하느냐'라며 잘못된 정보를 알고 있는 사람이 꽤나 됐다. 또한 향고래를 검색해보면 '향유고래'와 함께 '말향고래'로 표기된 자료들이 적지 않게 확인된다. 사실 향고래는 향수의 원료로 쓰이는 용연향과 관련해서 '향'이란 단어가 명칭에 들어간 것인데, 향유(香油)를 만들어내는 것이 아니라 향수의 원료를 제공한다는 점에서 생물과 관련한 특징을 나타내는 좋은 명칭이라고 보기 어렵다. 게다가 말향고래라는 말은 '말향경(抹香鯨)'이라는 일본어 명칭을 그대로 번역한 용어이므로 사용하지 않아야겠다.

향고래 다음으로 잘못 알고 있는 고래 명칭으로는 흰고래이다. 흰고래를 온라인 창에 검색하면 흰고래가 아니라 흰돌고래로 정의된 사전 지식이 나온다. 고래와 돌고래의 구분은 체장(몸체 길이)을 기준으로 통상 4m 이하를 돌고래, 그 이상을 고래라고 부르는데, 4m 이상까지 성장하는 흰고래로서는 계속 돌고래로 불리는 게 다소 속상하지 않을까 생각해 본다.

2022년 8월 여수 앞바다에서 '꼬마향고래'가 좌초되어 구조·방류된 바 있다. 많은

북방긴수염고래 어미와 새끼.
©NOAA

언론사에서는 꼬마향고래의 구조 성공에 따라 기쁨과 염려, 걱정 등의 기사가 쏟아져나왔다. 그러나 일부 언론에는 '꼬마향고래'가 아니라 '향고래 새끼'로 보도되었다. 이는 엄연히 종이 다른 것으로 잘못 기입된 기사에는 직접 댓글을 달아 정정을 요청하기도 했다. 꼬마향고래는 머리가 뭉툭한 사각형으로 향고래와 약간 유사하지만, 크기가 약 4m 이하로 향고래의 새끼보다도 작은 소형고래류이다.

그 외 잘못 불리는 고래 명칭으로는 혹등고래, 상괭이, 참돌고래가 있다. 혹등고래의 경우 혹동고래, 혹등고래 등으로 오기되고 있고, 상괭이는 상쾡이로 잘못 불리고 있으며, 참돌고래는 그냥 돌고래 또는 긴부리돌고래라고 오기된 자료도 검색되었다.

극 중에서 우영우 변호사는 고래의 특징과 차이를 설명하여 고래 명칭을 바로 불리도록 원했다. "재판장님이 들고 있는 우산에는 돌고래 모양이 새겨져 있습니다. 얼핏 큰돌고래 같다고 생각하실 수도 있겠지만 큰돌고래보다는 몸통이 날씬하고 길쭉하니 이것은 남방큰돌고래라고 판단하는 것이 좋겠습니다." 우리가 우영우 변호사만큼은 아니지만, 고래에 조금이나마 관심이 생겼다면 세세한 특징까지 기억하지는 못하더라도 그 명칭은 바로 불러야 하지 않을까 생각한다. 국립수산과학원 고래연구센터에서는 우리나라에 서식하는 고래 37종의 우리말 이름(국명)에 대한 표준명칭(2012년)과 우리 바다에 서식하지 않은 고래 52종의 우리말 이름(2016년)을 공식 발표했으니 참고하는 게 좋겠다.

우리 바다에서 자주 볼 수 있는 고래 다섯 종[2]

생각해 보면 과거 고래를 연구하기 전에는 '고래'라고 하면 막연히 '고래'와 '돌고래'로 구분했었다. 고래 연구를 시작하면서 우리 바다에는 35여 종의 고래류가 서식하고 있고, 그중 가장 자주 발견되는 고래로는

---

2) 이 파트의 생태정보 출처는 다음과 같다. Marine Mammals of the World. 2015. 2008 Elsevier Inc.

수면 아래에서 헤엄치고 있는 밍크고래. 호주 그레이트배리어리프에서 찍은 사진이다. ©gettyimages

동해, 서해, 남해에서 모두 볼 수 있는 밍크고래, 서해와 남해에서 주로 발견되는 상괭이, 동해에서 자주 보이는 참돌고래와 낫돌고래, 제주도에서만 볼 수 있는 남방큰돌고래 5종이 있다는 것을 알게 됐다. 초심자의 입장에서 보면 드라마 '이상한 변호사 우영우'는 다양한 고래 종류뿐만 아니라 고래에 대한 정보를 매우 많이 전달해 주면서 고래를 잘 알지 못하는 이들에게도 흥미를 갖게 하는 큰 역할을 했다.

　　우리 바다에서 자주 볼 수 있는 고래 다섯 종을 좀 더 자세히 소개하겠다. 먼저 밍크고래(Common minke whale / *Balaenoptera acutoro-strata*)는 적도에서 극지방까지 전 대양에 분포하며, 여름에는 동해 북부 및 오호츠크해에서 먹이활동을 하고 겨울에는 동중국해 남부 및 적도 부근에서 월동하는 것으로 알려져 있다. 우리나라 연안에서는 연중 관찰된다. 밍크고래의 성체는 약 10m(암컷은 최대 10.7m) 정도로 체중은 최대 14톤까지 나간다고 한다. 갓 태어난 새끼의 체장(體長, 몸길이)은 2.4~2.8m로 수염고래 중에서는 밍크고래의 체구가 가장 작다. 한편, 몸체에 비해 큰 등지느러미를 가지는 밍크고래의 체색(體色, 몸빛)은 등은 흑색 또는 회흑색이고, 배 쪽은 희다. 가장 큰 특징으로는 가슴지느러미에 흰색의 띠가 있다. 멀리서 볼 경우 보리고래, 브라이드고래, 일부 부리고래류와 혼동할 수 있지만, 독특한 머리 모양과 체색(특히 가슴지느러미 띠)으로 쉽게 구분할 수 있다. 우리나라 연안에 서식하는 밍크고래는 분기(噴氣, 고래가 물 위로 떠올라 숨을 내쉬는 것, 이때 물기둥이 생김)가 작아 관찰하기 매우 어렵다. 부상할 때는 낮은 각도로 수면으로 솟아오르고, 잠수할 때는 꼬리자루까지만 내보여 1마일(약 1.85km) 이내의 가까운 거리가 아니고서는 발견하기 어려운 종이다. 본인은 동해와 서해에서 밍크고래를 두 눈으로 직접 보았지만, 순식간에 등만 살짝 보이고 사라지는 통에 밍크고래의 체형이 머릿속에 잘 떠오르지 않은 이유이기도 하다.

상괭이(Finless porpoise / *Neophocaena asiaeorientalis*)는 고래연구를 시작하고 첫 목시조사에서 처음으로 본 고래류였다. 등지느러미가 없고 등의 유연한 곡선으로 다른 종과 쉽게 구분되지만, 처음으로 고래를 접한 이로서는 상괭이인지 너울인지 구분하기까지 꽤 시간이 걸렸다. 체장은 갓 태어났을 때 70~80cm 정도이며, 1.8m 가까이 성장한다. 체색은 어린 개체일수록 검은색에 가까우며, 성장할수록 점점 옅어져 밝은 회색으로 된다. 상괭이는 아시아에만 분포하는데, 주로 연안의 수심이 얕은 지역에 광범위하게 분포하며, 우리나라에서는 서해와 남해에서 쉽게 발견할 수 있다. 동해에서도 발견은 되지만 서해와 남해만큼 자주 발견되진 않는다. 상괭이는 등지느러미가 없는 것이 가장 큰 특징이다. 수면으로 부상할 때는 분기공(噴氣孔, 분기가 뿜어져 나오는 구멍, 분수공)과 등의 일부만 순간적으로 내보이기 때문에 상괭이의 목시조사가 처음이라면 발견하는 데 어려움이 따를 것이다. 더구나 바람과 너울이 조금이라고 있다면 초심자에겐 어려운

상괭이. ⓒwikipedia/Huangdan2060

조사가 될 것이다. 그러나 날씨가 좋아서 해수면이 거울과 같이 매우 잔잔하다면 상괭이 발견은 그리 어렵지 않을 것이다. 수면으로 상괭이가 모습을 드러낼 때 분기공도 뚜렷이 볼 수 있으며 분기공에서 뿜어져 나오는 분기와 빛에 반사되어 눈이 부실 정도로 반짝이는 탄탄한 등 근육도 선명히 관찰할 수 있다. 그뿐이겠는가. 분기공에 가득 찬 물을 뿜으면서 나오는 거친 숨소리도 크게 들을 수 있다. 상괭이는 연안에서 매우 가까운 곳까지 분포하기 때문에 생각보다 밀접하게 사람들과 지내고 있다. 상괭이에 대해 잘 알지 못하는 이라면 어쩌면 등지느러미가 없는 이유로 상괭이를 봤을지라도 돌고래인 줄 모르고 상괭이를 봤는지 모를 수도 있지 않을까 하는 생각이 든다.

　　동해 바다를 생각하면 참돌고래가 가장 먼저 떠오른다. 그리고 개인적으로 의미 있는 고래이기도 하다. 참돌고래(Common dolphin / *Delphinus delphis*)는 동해 연근해에 넓게 분포해 서식하며, 조사를 나가면 사계절 내내 거의 만날 수 있었다. 유영 속도가 빠르고 거대한 무리를 지으며, 호기심이 왕성해 가까이 접근하는 모습을 보고 더욱 관심이 생겼다. 돌고래 하면 긴 부리의 입, 곧은 등지느러미, 날렵한 체형이 딱 떠오르는데, 그게 바로 참돌고래가 아닌가 싶다. 참돌고래의 가장 큰 특징은 몸의 옆면에 황토색과 회흑색이 X자로 교차하는 모래시계 모양

참돌고래. 중앙아메리카 코스타리카에서 촬영한 사진이다. ©gettyimages

과 유사한 무늬가 있다. 해상에서 참돌고래의 무리를 발견했을 때 수백 마리가 떼를 이루어 선박 주위를 감싸고 저 멀리 넓게 펼쳐서 유영하는 모습을 보면 그만한 장관이 없다. 선박에 아주 가깝게 붙어 선수파(船首波, 배가 달릴 때 배의 앞머리에 이는 파도)를 타고 높게 뛰어오르거나 선박의 좌ㆍ우현을 자유자재로 넘나드는 모습을 보면 더불어 신나고 건강해지는 느낌이 든다. 성체의 체장은 2m 전후로 최대 2.5m 정도이다. 새끼는 1m 전후로 새끼의 뛰어오르기는 어설프지만 사랑스럽기까지 하다. 선박에 매우 가깝게 접근했을 때는 참돌고래의 체형을 자세히 볼 수 있는데, 머리 위 분기공의 형태, 큰 눈, 긴 부리, 이빨까지도 관찰할 수 있다. 선박을 멈추고 한곳에 머물렀을 때는 바로 옆에서 발생시키는 참돌고래의 클릭음과 휘슬음도 생생하게 들을 수 있다. 참돌고래는 수십 마리에서 많게는 수천 마리까지 무리를 이룬다. 이는 무리성과 밀집성이 뛰어나다는 뜻이다. 우리나라 연근해에서 연중 볼 수 있어 개인적으로 더욱 친밀감을 느끼게 되는 돌고래가 참돌고래다.

다음으로 동해 바다에서 볼 수 있는 낫돌고래(Pacific white-sided dolphin / *Lagenorhynchus obliquidens*)는 등지느러미가 낫의 날 모양처럼 보인다고 하여 붙여진 이름이다. 체형은 비교적 짧고 높아 통통하게 보이는데, 체장은 0.8~2.3m이고 부리는 매우 짧다. 등은 검정에 가까운 회흑색이고 배는 흰색이다. 등과 배의 색깔이 뚜렷한 배색을 이뤄 체색과 등지느러미만으로도 낫돌고래를 식별하기는 쉽다. 우리나라에서는 참돌고래와 함께 연안에서 많이 발견되는 종으로 늦가을부터 이듬해 봄에 걸쳐 많이 볼 수 있다.

우영우 변호사가 보고 싶어했던 남방큰돌고래(Indo-Pacific Bottlenose dolphin / *Tursiops aduncus*)는 큰돌고래와 외형이 매우 유사하여 혼동하기 쉽다. 성체의 체장이 약 2.7m로 큰돌고래보다는 작고 좀 더 날렵하

낫돌고래. 미국 캘리포니아주 몬터레이만에서 찍은 사진이다.
©gettyimages

무리 지어 유영하는
남방큰돌고래. ⓒ고래연구센터

며 긴 부리를 가지고 있다. 우영우 변호사는 남방큰돌고래의 외형을 아
주 잘 묘사했다. 우영우 변호사는 외형에 대해 언급했지만, 남방큰돌고
래는 등 쪽이 짙은 회색을 띠고 복부로 갈수록 밝은 회색 또는 분홍빛이
도는 회색을 보이며, 복부에 수없이 작은 반점이 흩어져 있는 게 가장
큰 특징이라고 할 수 있다. 남방큰돌고래는 제주도와 인접한 중국 남부
연안과 일본 규슈해역에 분포하는 것으로 알려져 있다. 우리나라에서는
제주도에서 유일하게 발견되는데, 제주도 연안 아주 가까운 곳까지 접
근한다. 연안 육상에서 망원경이나 별도의 도구를 사용하지 않고도 남
방큰돌고래를 아주 잘 관찰할 수 있다.

우영우의 고래 관련 지식

2022년 인생 처음으로 야생에 있는 향고래를 보았다. 그리고 드라
마의 시작과 함께 우영우 변호사는 1회에서 향고래에 관한 전문적 지식
을 나열하면서 고래에 대한 사랑을 여지없이 보여주었다. 향고래는 이
빨고래류 중에서 가장 큰 종으로 머리가 체장의 1/4~1/3에 이를 정도
로 매우 크다. 향고래의 머리 부분에는 특수한 지방조직을 가지고 있는

데, 이빨고래류의 이마 부분에 멜론(melon)이라고 불리는 지방조직과 같이 음파를 증폭시키는 음향렌즈 역할을 한다. 향고래의 이 특수한 지방조직은 '경랍(鯨蠟) 기관'이라고 도 하며, 물체 탐지, 위치추정, 이동, 방향 지향 역할뿐만 아니라 깊은 수심으로의 잠수도 가능하게 하는 역할을 한다. 경랍 기관 안에는 향고래가 소리를 내는 데 활용하는 밀랍 같은 액체가 들어 있다. 이런 신체적 특징으로 인해 과거 상업 포경 시대에 다양한 용도로 쓰인 고래 기름을 얻기 위해 향고래가 주요 포경대상이 된 이유이기도 하다.

드라마 '이상한 변호사 우영우'에서 이미지가 가장 많이 노출된 고래는 혹등고래이다. 드라마 중 대회의실에 걸린 대형 고래 사진의 주인공이 바로 혹등고래다. 이 사진은 우리나라의 유명한 사진작가가 직접 찍은 것이라 더 많은 감탄을 자아냈다. 혹등고래는 체장의 1/3에 달하는 긴 가슴지느러미가 돋보이며, 머리와 입 주변에 결절(돌기)이 있는 수염고래류의 뚜렷한 외형적 특징을 보인다. 해상에서 뛰어오르기, 꼬리치기처럼 눈에 띄는 행동을 해 고래의 전형적인 이미지로 많이 사용

드라마 '이상한 변호사 우영우'에서 이미지가 가장 많이 노출된 혹등고래. 에콰도르 푸에르토 로페즈 앞바다에서 촬영한 사진이다.
ⓒgettyimages

되고 있다. 특히 수면에서 몸을 뒤집어 등으로 떨어지는 행동은 사회적인 의사소통, 표현, 경고 등의 의미로 해석되고 있다. 전 세계 대양에 분포하며, 큰 무리를 지어 다니고 공기 방울 등으로 그물을 만들어 물고기를 사냥하기도 한다. 가슴지느러미의 특징도 있지만, 잠수할 때 보이는 크고 넓은 꼬리지느러미의 무늬가 개체식별에 많이 쓰인다.

첫 사회에 발을 디딘 우영우 변호사는 같은 회사 직원인 이준호와 '부모로부터의 독립'에 대한 대화를 나누다가 범고래를 두고 '마마보이, 마마걸'이라는 표현을 한다. 바다의 최상위 포식자인 범고래는 암컷이 무리의 리더를 맡는 모계사회를 형성하는 것으로 알려져 있다. 동료의식이 강하고 무리 지어 다니는 습성으로 평생 같은 무리에서 지내는 것이 대부분인데, 모계사회에서 수컷들은 성숙하면 무리에서 떠나 다른 무리와 어울려 번식 활동을 한다고 한다.

또한 우영우 변호사는 대왕고래도 좋아한다. 대왕고래의 체장은 보통 21~26m이고 체중은 83~130톤, 많게는 150톤에서 190톤에 달하며, 암컷이 수컷보다 더 크다. 대왕고래라는 이름은 국명이며, 지구에 현존하는 가장 큰 동물이기에 붙여졌을 것으로 추정되고 있다. 대왕고래는 크릴을 주식으로 하는데, 하루 먹이량이 평균 4~6.5톤 정도이며, 취향에 맞지 않은 먹이를 먹으면 다시 뱉어내는 것으로도 알려져 있다. 이렇게 많은 양의 먹이를 먹는 대왕고래도 열대지방에서는 먹이를 먹지 않는다고 한다. 열대지방에서는 주 먹이생물인 크릴이 적고 암컷의 경우 번식 활동에 많은 에너지를 쏟기 때문에 먹이활동에 드는 에너지를 줄여 번식 활동에 사용한다. 그리고 육아 기간에도 먹이를 먹지 않고 극지방에서 축적한 지방을 젖으로 바꾸어 새끼에게 먹이며, 이 젖을 먹고 자란 새끼는 하루에 체중이 약 90kg씩 늘며 성장하여 6개월이 지나면 약 17톤을 기록하므로

대왕고래는 호흡할 때 분기공에서 내뿜는 분기의 높이가 10~15m에 이른다.
©gettyimages

말 그대로 대왕고래가 되어간다.

　　대왕고래의 대변은 붉은색으로 알려져 있다. 대변의 색은 먹이생물, 즉 무엇을 먹었느냐에 따라 결정되는 것으로 추정되는데, 먹이생물인 크릴의 색이 붉은색에 가까워 대왕고래의 대변이 붉다는 뜻이다. 하지만 2019년에 노란색 배설물을 뿜어내는 대왕고래가 처음 발견됐다는 보고도 있다. 또한 대왕고래의 대변은 해양에 영양을 공급하는 역할을 하는 것으로 알려져 있다. 대변에 다량의 철분이 함유되어 있어 식물성 플랑크톤을 빠르게 번식하게 돕기 때문이다. 사실 고래는 영양물질을 바다 깊은 곳에서 표층으로 품어 올리는 펌프 역할을 한다고 한다. 이는 미국 버몬트대와 하버드대의 공동연구진이 2010년에 보고한 내용이다.

국내 고래연구 현황

　　일반인들이 야생 고래를 직접 보거나 조우하는 것은 쉬운 경험이 아니다. 우리나라 제주도에 서식하는 남방큰돌고래는 제주도 연안에 상시 출현하기 때문에 상대적으로 다른 종류의 고래류보다 직접 볼 확률이 높다. 그러나 우영우 변호사도 제주도의 터줏대감인 남방큰돌고래를 직접 보지 못한 걸 보면 또 그렇게 쉬운 건 아닌 것 같다.

　　고래 목시조사(sighting survey)도 비슷하다. 조사를 간다고 해서 고래를 꼭 볼 수 있는 건 아니다. 목시조사는 기상의 영향을 매우 많이 받는다. 바람의 방향과 강도, 구름의 양, 파도 높이 등에 따라 그날의 조사 가능 여부가 결정된다. 기상이 좋다고 해도 선박의 빠른 이동속도, 강한 빛은 긴 시간 목시를 수행해야 하는 조사원에게는 여간 곤욕스러운 일이 아닐 수 없다. 따뜻한 봄날에도 10노트(약 18.5km/h)로 달리는 선박에서 맞는 바람 때문에 두꺼운 조사복을 입고 있어도 뼛속까지 시려 온다. 또한 강한 바람과 빛을 30분에서 1시간 동안 쉬지 않고 맞으면서도 두 눈으로는 적극적으로 고래를 찾아야 한다. 그로 인한 피로감은 시간이 지날수록 계속 누적되어 더 빨리 지치게 되므로, 적절한 시간에 충분히 휴식을 취해야 다음의 조사를 원활히 수행할 수 있다.

고래를 발견할 때는 여러 가지 징후가 있다. 분기를 본다든지, 신체 일부를 본다든지, 또는 주변의 새떼나 잔 너울, 백파나 물보라를 관찰한다면 고래를 발견할 수 있다. 대형고래류의 분기는 2~3마일 밖에서도 관찰된다. 분기는 고래 종류마다 각각의 특징을 가지는데, 수염고래류의 분기는 대체로 가늘고 높은 편이다. 대왕고래의 분기는 9m까지 치솟으며, 긴수염고래의 분기는 두 갈래로 뚜렷이 나뉘어 4~8m의 높이로 솟아오른다. 이빨고래의 분기는 낮은 높이로 처음부터 옆으로 퍼진 형태를 띤다.

▲2022년 동해 목시조사에서 발견된 향고래. ©고래 연구센터

▼목시조사를 하는 모습. ©고래연구센터

2022년 4월 목시조사에서 첫 발견 대상은 향고래였다. 첫 발견부터 이 조사의 순항을 알리는 듯했다. 먼 거리에서 뿜어져 나오는 분기를 본 연구원이 향고래의 최초발견을 보고한 뒤, 조사선은 최대속력으로 항주하여 고래가 있는 곳 주변까지 접근하였다. 고래 가까이 접근하는 것은 매우 조심스럽다. 고래는 호기심이 많아 선박 가까이에 접근하긴 하지만, 어렵게 자신의 모습을 드러낸 고래가 외부의 접근으로 인해 물속으로 모습을 감추어 버리면 또 언제, 어디에서 수면으로 올라올지 예측할 수 없기 때문이다.

고래는 넓은 범위의 해역을 회유하기도 하지만 깊은 곳까지 잠수하기도 한다. 주로 먹이를 찾기 위한 목적이다. 향고래는 3200m까지 잠수한다고 한다. 바닷속은 여러 생물이 살고 있으며, 빛이 도달하는 곳은 다채로운 물색을 이루며 신비롭고 예쁘기까지 하다. 그러나 빛이 도달하지 않은 깊은 바닷속은 매우 깜깜하여 바로 앞에 있는 물질도 알아보기 어렵다. 물속은 수심 6m 이내에서 투과된 빛의 75% 정도가 사라

지며, 약 400m의 수심부터는 완전한 암흑 상태가 된다. 이러한 깊은 수심과 환경에서 살아가기 위해 고래는 시각과 더불어 음파를 사용했으며, 특히 시각보다는 청각을 선택하여 더욱 발달시켰다. 소리를 통해 먹이를 찾고 장애물을 인식하며 무리 간의 신호를 주고받는다.

고래 소리라고 하면 어떤 생각이 드는가. '장엄하다, 쪽쪽거린다, 휘파람 소리가 생각난다.' 장엄하다는 생각이 먼저 들었다면 수염고래류의 굵은 소리를 떠올린 것일 것이며, 쪽쪽거리거나 휘파람 소리를 떠올렸다면 돌고래의 소리를 기억한 것이다. 각각의 마음속 고래가 따로 자리하고 있는 셈이다. 사람의 가청주파수 범위는 20Hz~20kHz이다. 이 또한 모두 들을 수 있는 주파수가 아니고, 어릴수록, 귀의 건강이 좋을수록 높은 주파수의 소리까지 들을 수 있다. 10년 전 수중음향 전문가의 강연에서 흥미를 돋우고자 참석자들을 대상으로 비공식 청력 테스트를 한 적이 있는데, 그때 학부 2학년생이 최대 16kHz까지 듣는 것을 확인했다. 당시 본인은 20대의 끝자락이라 13kHz까지의 소리를 듣고 손을 들었지만, 동석한 60대 교수님은 9kHz 이상에서는 더 이상 손을 들지 못했던 기억이 떠오른다.

우리가 듣는 소리의 범위, 일상생활에서 발생하는 소리의 주파수는 거의 8kHz를 넘지 않는다. 우리가 들었던 고래 소리 또한 모두 이 주파수 범위 안에서 발생된 소리이다. 수염고래류에서 근엄하게 울리는 소리는 주파수가 20~200Hz(대부분 1kHz 이하)로 매우 낮은 대역의 소리이다. 그리고 가장 익숙하게 들었을 고래 소리의 주인공은 아마도 혹등고래일 것이다. 혹등고래의 소리는 최대 8kHz까지 발생하는 것으로 알려져 있다. 고래 소리 중 혹등고래 소리에 대한 연구는 많이 보고됐으며, 공개 자료들 중에서도 혹등고래에 대한 자료를 가장 쉽게 접할 수 있다. 이빨고래류의 소리는 인간의 귀로 들을 수 없는 초고주파수까지 발생된다. 가끔 매우 높고 가는 비명을 지르는 사람을 보고 "돌고래 소리 낸다"라는 말을 들어본 적이 있을지 모르겠다. 이빨고래류가 발생하는 소리의 종류는 크게 물체의 위치, 형태 등을 파악하는 데 사용하는

◀2022년 동해 목시조사에서
발견된 범고래. ⓒ고래연구센터

▶범고래. ⓒ고래연구센터

클릭음과, 같은 무리끼리 서로 신호를 주고받는 휘파람 소리와 유사한
휘슬음으로 나뉜다. 휘슬음은 주로 주파수 50kHz 이하에서 발생되며,
클릭음은 100kHz 이상의 고주파수에서 발생된다. 특히 상괭이가 주요
발생시키는 클릭음의 주파수 대역은 90~160kHz인데, 이는 돌고래 중
에서도 가장 높은 음이다. 이 때문에 상괭이를 조사하면서 상괭이의 숨
소리는 자주 들어 보았지만, 상괭이가 내는 소리는 들어본 적이 없는 것
같다.

　　고래류 소리에 대한 연구는 국제적으로 큰 이슈이며, 다양한 방법
으로 수행되고 있다. 2021년 극지연구소에서는 남극에서 20여 년간 관
측된 음향자료 가운데 고래 소리만 분리하는 데 성공했고, 그 주인공은
지구상에서 가장 큰 동물 대왕고래 소리로 보고했다. 캐나다 밴쿠버에
서는 바다의 최상위 포식자로 알려진 범고래가 인간이 내는 소리, 정확
하게는 말을 흉내 내는 능력이 발견되어 모두에게 놀라움을 안겨주었으
며, 최근 일본에서는 상괭이가 서로의 소리를 따라 하는 것이 밝혀져 큰
화제가 됐다.

　　고래는 여러 의미로 대단한 생물이다. 먼 듯하면서 가까운 곳에
있는 것 같고, 알 듯하다가도 모르는 부분이 너무 많은 신비로운 생물,
고래. 고래에 대한 연구가 지금까지 다양한 분야에서 많은 연구자들을
통해 이루어져 왔다. 그러나 아직 모르거나 밝혀져야 할 부분이 여전히
많이 남아 있다. 드라마 '이상한 변호사 우영우'를 통해 많은 이들이 고
래에 대한 관심이 높다는 것을 다시 한번 확인할 수 있었다. 이런 인기
와 관심에 힘입어 우리나라 고래 연구도 더 큰 돛을 달고 순항하리라 기
대해 본다.

02

다누리

ISSUE 2 우주개발

원호섭

고려대 신소재공학부에서 공부했고, 대학 졸업 뒤 현대자동차 기술연구소에서 엔지니어로 근무했다. 이후 동아사이언스 뉴스팀과 『과학동아』팀에서 일하며 기자 생활을 시작했다. 매일경제 과학기술부, 산업부를 거쳐 현재 매일경제 증권부에서 펀드팀을 맡고 있다. 지은 책으로는 《국가대표 공학도에게 진로를 묻다(공저)》, 《과학, 그거 어디에 써먹나요?》, 《과학이슈 11 시리즈(공저)》 등이 있다.

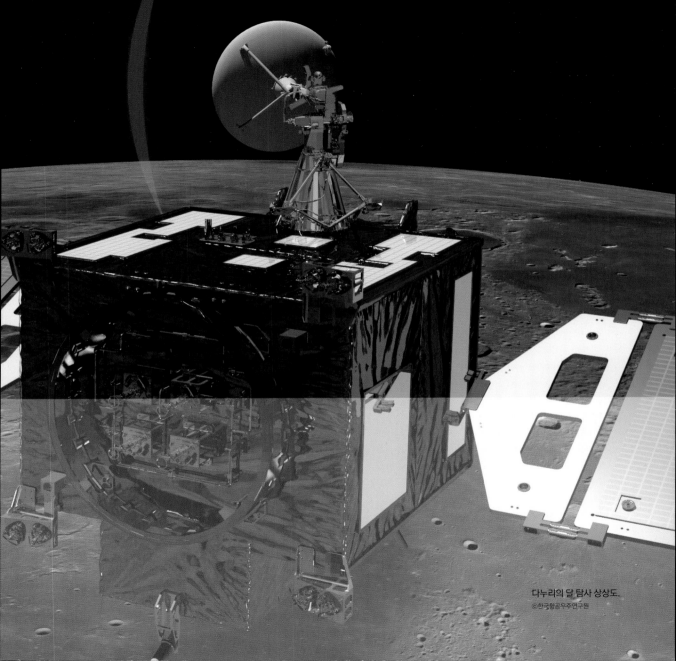

다누리의 달 탐사 상상도.
©한국항공우주연구원

우리나라 최초의 달 탐사선 다누리는 어떤 임무를 수행하나?

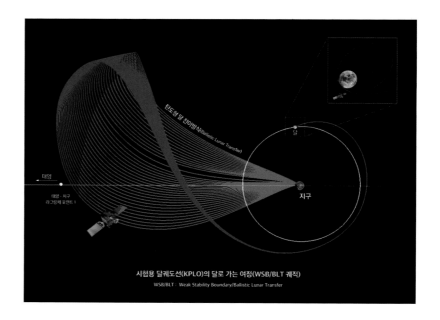

달 탐사선 '다누리'가 라그랑주
포인트를 지나 달로 가는 과정.
ⓒ한국항공우주연구원

"'라그랑주 점'에서 온 것 치고는 진짜 멀쩡하네."

우주를 청소하는 우주 청소부들이 로켓의 잔해를 살펴보다 한마디 남긴다. 광활한 우주 곳곳에는 이처럼 우주를 떠돌던 쓰레기들이 모이는 '지점'이 존재한다. 이곳에서 미국과 러시아, 캐나다, 중국을 비롯해 한국의 우주인들이 돈이 될 만한 쓰레기를 주워 되팔며 삶을 이어 간다. 2092년을 배경으로 한 SF영화 '승리호'의 주된 줄거리다. 영화에서는 태극마크를 새긴 우주선 '승리호'가 등장한다. 승리호는 라그랑주 점을 수시로 드나들며 쓰레기를 수거한다. 화성에 인류가 살 수 있는 도시를 만들고 있는 기업 UTS는 우주 쓰레기가 모여 있는 라그랑주 점에 쓰레기를 분해하는 '나노로봇'을 살포한다. 이 로봇들은 쓰레기를 잘게 부숴 우주를 깨끗하게 만드는 역할을 한다.

영화에 등장하는 나노로봇이 개발되려면 기술적으로 넘어야 할 산이 상당히 많다. 승리호와 같은 탐사선 자체도 마찬가지다. 하지만 영화에 수시로 등장하는 라그랑주 점, 즉 '라그랑주 포인트'는 우주에 실존한다. 그리고 2022년 8월 5일 발사된 한국의 첫 번째 달 탐사선 '다누리'는 이 라그랑주 포인트를 이용해 달로 향했다. 라그랑주 포인트를 스쳐 가는 다누리의 궤적은 마치 영화 승리호에 그려진 태극마크를 연상시킨다. 4개월의 우주 비행과 함께 2022년 말 달 궤도에 도착한 다누리는 2023년 1월부터 1년간 달 주변을 인공위성처럼 돌며 과학임무를 수행한다. 다누리는 왜 라그랑주 포인트를 경유하는 것일까.

라그랑주 포인트 지나는 다누리

우주는 무중력 상태다. 하지만 만약 내가 우주 공간에 홀로 떨어져 미아가 된다면 가만히 둥둥 떠 있지는 않는다. 근처에 있는 별이나 행성의 중력이 만드는 힘의 균형에 따라 이리저리 움직인다. 예를 들어 태양과 지구의 가운데 떨어진다면, 지구보다 중력이 큰 태양에 이끌려 태양 방향으로 서서히 이동하게 된다. 우주에서는 이처럼 서로 다른 천체의 영향을 완전히 지우기 어렵다.

그런데 두 개 이상의 천체에서 받는 힘이 교묘하게 상쇄되는 지역이 존재한다. 이 지점에서는 실제로 힘이 '0'이 되어 물체를 떨어트려 놓아도 움직이지 않는다. 바로 이곳을 '라그랑주 포인트'라고 부른다. 이 지점을 처음 발견한 수학자 조제프 루이 라그랑주 (1736~1813)의 이름을 땄다. 영화 승리호에서는 우주를 떠돌던 쓰레기들이 라그랑주 포인트에 모이는데, 실제로 그렇지는 않다. 일반적으로 연식이 다한 인공위성이나 여기서 분리된 잔해물은 위성의 궤도

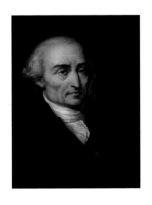

이탈리아 태생의 프랑스 수학자
조제프 라그랑주. ©wikipedia

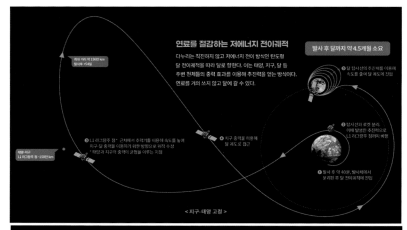

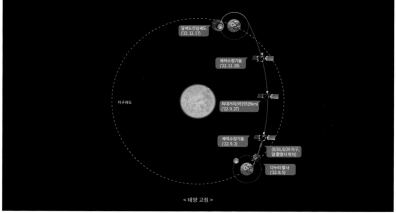

©한국항공우주연구원

주변에 모여 움직인다. 정지궤도 위성의 고도는 3만 6000km이며, 타원형으로 지구를 도는 궤도(장타원 궤도)의 위성은 지구로부터 약 5만 km 정도까지 멀어진다. 궤도를 돌던 우주 쓰레기 중 일부는 조금씩 지구 중력에 이끌려 대기권으로 떨어진다.

라그랑주 포인트는 사실상 우주에서 가장 무중력에 가깝다고 할 수 있는 지점이다. 따라서 연료를 소모하지 않고도 한 자리에 정지해 있을 수 있다. 라그랑주 포인트를 '우주 휴게소'라고 부르는 이유다. 지구와 달, 지구와 태양, 태양과 목성처럼 각각의 천체 사이에는 이처럼 라그랑주 포인트가 존재한다. 두 천체 간 라그랑주 포인트는 총 5개인데,

라그랑주의 영문 앞글자 'L'을 따서 L1~L5로 번호를 매긴다. 지구와 태양 간의 라그랑주 포인트는 지구(Earth)의 영문 앞글자를 붙여 EL, 지구와 달 간의 라그랑주 포인트는 달(Lunar)의 영문 앞글자를 더해 LL이라고 표현하기도 한다. 지구와 태양 간에 위치한 라그랑주 포인트 중에 지구에서 가장 가까운 L1(EL1) 지점은 지구에서 태양 방향으로 약 150만 km 떨어져 있다. 지구와 달 사이 거리(38만km)보다 4배 정도 멀다.

지구와 달 사이의 라그랑주 포인트 중에서 지구와 가장 가까운 L1(LL1)은 지구에서 달 방향으로 약 32만km 떨어져 있다. 수명이 다한 위성들이 궤도를 벗어나 라그랑주 포인트까지 이동하는 것은 사실상 불가능하다. 영화 승리호에서 라그랑주 포인트에 쓰레기가 모인다는 이야기가 영화적 설정인 이유다.

쓰레기는 모이지 않지만, 라그랑주 포인트는 중력이 작용하지 않는 지점인 만큼 우주정거장을 설치하기에 최적의 장소로 꼽힌다. 지금 지구 400km 상공을 돌고 있는 국제우주정거장(ISS)이 아니라 더 먼 우주로 날아가는 탐사선이 잠시 머무르는, 영화 속에서나 등장하는 우주정거장을 뜻한다. ISS의 경우 고도 유지와 쓰레기 회피, 고도 조정을 위해 매년 평균 7000kg의 연료를 소모하는데, 이를 만약 라그랑주 포인트에 띄운다면 연료가 필요 없는 만큼 비용을 획기적으로 줄일 수 있다. 현재 미국을 중심으로 계획 중인 달 우주정거장 '루나 게이트웨이'의 궤도는 지구와 달 사이의 라그랑주 포인트인 LL1으로 정해질 가능성이 상당히 높다.

다누리와 같은 탐사선 역시 라그랑주 포인트를 이용해 연료를 아끼기도 한다. 다누리는 달로 바로 향하는 대신 태양을 향해 발사된다. 우주 공간을 비행하는 다누리는 지구와 태양 간 중력이 상쇄되는 라그랑주 포인트, EL1에 먼저 도달한다. 무중력 상태인 EL1에서는 연료를 조금만 써도 비행 궤적을 크게 변화시킬 수 있다. 또한 이 지점은 태양과 지구의 중력이 서로 상쇄되는 '아슬아슬한' 공간인 만큼, 역설적이게도 태양과 지구의 중력을 이용할 수 있는 최적의 공간이기도 하다. 이

지점에서 태양의 큰 힘을 잘 이용하면 궤적을 크게 변화시키는 것이 가능해 달에 도착할 때 속력을 효과적으로 줄일 수 있다.

EL1에 도착한 다누리에 약간의 추력을 발생시키면 라그랑주 포인트를 살짝 벗어난다. 이때 태양의 섭동력(궤도에 변화를 일으키는 힘)을 이용해 달 쪽으로 방향을 튼다. 이어 다누리는 달의 궤도로 곧바로 이동하지 않고 달과 지구 사이에 있는 라그랑주 포인트(LL2) 주변을 비행한다. 달이 지구의 남쪽에 위치할 때까지 이곳에서 잠시 머물렀다가 라그랑주 포인트 안으로 들어간 뒤 달의 중력을 이용해 계속 비행한다. 이후에는 태양과 지구의 중력을 사용해 가며 달 주변을 느리게 이동하다가 달이 지구의 북쪽으로 왔을 때 달 궤도에 포획된다.

일반적으로 우주 탐사선이 천체의 궤도에 진입하기 위해서는 속도를 줄이면서 궤도로 이동하는데, 라그랑주 포인트를 이용하면 이 에너지를 아낄 수 있다. 이처럼 복잡한 계산을 통해 탐사선을 운용하는 이유는 간단하다. 무게를 줄여 비용을 낮추고, 하나의 관측 장비라도 더 싣기 위함이다. 탐사선 한 대를 발사하는 데 들어가는 비용이 수천억 원인 만큼 과학자들은 최적의 효율로, 최고의 효과를 찾기 위해 노력한다. 2021년 12월 25일 허블우주망원경의 뒤를 잇는 차세대 우주망원경 '제임스웹우주망원경'을 실은 발사체가 발사됐는데, 제임스웹우주망원경 역시 태양과 지구 간 라그랑주 포인트인 L2(LL2)에 머문다.

발사까지 네 차례 연기

다누리는 광활한 우주의 라그랑주 포인트를 찾아가며 달로 한 걸음 한 걸음, 역사적인 비행을 이어갔다. 2016년부터 2022년 12월까지 약 2,367억 원의 연구개발(R&D) 비용이 투자되는 다누리는 지금으로부터 약 10년 전인 2013년부터 기획됐다. 2013년 나로호 발사에 성공한 한국 정부는 깊은 우주인 달 탐사 기획을 시작했다. 이어 2013~2014년에는 다누리 발사의 경제성 등을 평가하는 '예비타당성조

연구원들이 다누리를
발사장에 이송하기 전 최종
점검 작업을 수행하고 있다.
©한국항공우주연구원

사'가 치러졌다. 예비타당성조사를 통과한 뒤 2016년부터 1차 연도 사
업이 본격적으로 시작됐다.

　하지만 달 탐사선 계획은 당시 '정치'와 맞물리며 진통을 겪었다.
2012년 대통령 선거를 앞두고 당시 후보였던 박근혜 전 대통령이 토론
회에서 "2020년 달에 태극기를 꽂겠다"는 발언이 화근이었다. 해당 발
언은 달 탐사 연구를 하고 있던 한국항공우주연구원 연구진과 조율된
것이 아니었던 만큼 과학자들 역시 깜짝 놀랐다고 한다.

　박 전 대통령이 당선됨에 따라 미래창조과학부(현 과학기술정보
통신부)는 2020년으로 예정됐던 발사 시기를 2017년으로 앞당겼다. 하
지만 무리한 계획 수정이었다. 차근차근 준비해도 모자랄 판에 계획을
대폭 앞당기다 보니 결국 탈이 났다. 문재인 정부가 들어선 뒤 2018년
으로 계획됐던 다누리 발사 시점은 전문가 논의를 거쳐 2020년으로 미
뤄졌다가, 또다시 2022년으로 연기됐다.

2022년 8월 5일 오전
8시 8분 다누리를 탑재한
미국 스페이스X의 팔콘-9
발사체가 우주로 떠나는 장면.
ⓒ한국항공우주연구원

2007년 노무현 정부 당시 과학기술부는 달 궤도선을 2017년부터 개발해 2020년 발사하고 달 착륙선은 2021년부터 개발해 2025년 쏜다는 계획을 세웠다. 하지만 박근혜 정부 시절 미래창조과학부는 달 궤도선 발사를 2017~2018년, 착륙선 발사를 2020년으로 계획을 5년 정도씩 앞당기도록 수정한 뒤 한 차례 연기했다. 문재인 정부가 들어선 뒤에는 두 차례나 연기했다. 다누리 발사 계획이 바뀐 것은 총 네 차례에 달한다.

다누리를 개발하는 한국항공우주연구원 내 갈등도 있었다. 당초 항우연에서 달 궤도선 개발에 나섰을 때 목표 중량은 550kg이었다. 하지만 실제로 설계를 진행하는 과정에서 중량이 678kg까지 늘어났다. 중량이 128kg 늘어난 만큼 기존 설계로는 연료 부족이 발생할 수 있기 때문에 재설계가 필요하다는 주장과 기존 설계로도 임무가 가능하다는 주장이 항우연 내부에서 충돌했다. 내부 이견으로 궤도선 상세설계 검토는 예정 기간보다 1년 이상 늦춰졌고 연구원 간 불화로 번지기까지 했다.

우여곡절 끝에 다누리는 2022년 8월 5일 한국 시간으로 오전 8시 8분 48초(현지 시간 4일 오후 9시 8분 48초) 미국 플로리다 케이프커내버럴 미국 우주군기지 발사대에서 스페이스X의 팰컨9 발사체에 실려 우주로 향했다. 다누리는 발사 후 1시간 30여 분 뒤인 9시 40분께 지상국과 교신에 성공했다. 5일 오후 2시에 과학기술정보통신부는 다누리가 예정된 궤적에 진입했다고 밝혔다. 다누리는 발사 후 145일 만인 2022년 12월 27일 달 궤도에 안착했다. 이로써 한국은 미국과 일본, 유럽, 중국, 인도에 이어 달에 궤도선이나 착륙선을 보낸 7번째 국가로 이름을 올렸다. 이는 2013년 달 탐사선 개발을 시작한 지 10년 만의 성과다.

다누리는 지구에서 달로 직행하는 '직접 전이' 궤도를 택했다면 5일 안에 달에 도착할 수 있었는데, 라그랑주 포인트를 돌아서 달 궤도에 진입하며 연료 소모를 줄인 만큼 긴 시간이 걸렸다. 만약 5일 안에 달 궤도에 도착하는 루트를 택했다면, 다누리에는 연료 외에 과학임무를 수행하기 위한 어떠한 탑재체도 싣지 못했을 것이다. 달 궤도에 안착한 다누리는 2023년 1월 1일, 계묘년 시작과 함께 본격적인 임무 수행에 나서고 있다.

다누리의 궤도 안착은 예상보다 빠르게 진행됐다. 당초 항우연은 다누리가 달 임무궤도에 진입하기 위한 '진입기동(LOI)'을 5회에 걸쳐 수행하기로 계획했는데, 2022년 12월 17일 수행한 첫 번째 LOI가 예상보다 더 큰 성공을 거뒀다. LOI란 추력기를 사용해 다누리의 속도, 방향 등을 조정하는 과정을 뜻한다. LOI를 5회 하기로 계획했으나 단 3회 만에 궤도 진입에 성공했다. 12월 29일로 예정됐던 달 궤도 진입 시기가 이틀 앞당겨진 이유다. 김대관 항우연 달탐사사업단장은 과기정통부에서 개최된 브리핑에서 "첫 번째 LOI가 성공적으로 끝나면서 충분한 데이터를 확보했다"며 "2~3번째, 4~5번째 LOI를 병행해서 진행함으로써 5번으로 계획됐던 LOI 횟수를 3번으로 줄일 수 있었다"고 설명했다. 또한 9회로 예정됐던 '궤적수정기동(TMC)'도 4번으로 줄였다. 첫 번째 달 탐사 도전이었지만 높은 기술력을 기반으로 시행착오를 줄이는 데 성공한 셈이다. 현재 다누리는 초속 1.62km로 달 궤도를 2시간마다 한 번씩 공전하고 있다. 다누리에 탑재된 모든 탑재체는 현재 정상적으로 작동되고 있다. LOI와 TMC 횟수를 줄임으로써 연료 잔여량도 93kg으로 2023년 한 해 임무 수행을 충분히 해내고도 남을 만큼의 양이 유지되고 있다. 현재 탑재체 성능 확인을 하고 있는 다누리는 2023년 2월부터 본격적으로 달 촬영에 나선다.

다누리에 국내 40여 개 기업 참여

다누리는 달 상공 100km의 임무 궤도에 진입한 후 1년간 6종의 과학 장비를 통해 달과 지구 사이의 우주인터넷 통신, 달 표면 편광 지도 제작 등 여러 임무를 수행한다. 다누리에는 한국항공우주연구원을

다누리에 실린 과학장비 6종
ⓒ한국항공우주연구원

비롯해 대기업과 중소기업 등 국내 40여 개 기업이 참여했다. 한마디로 국내에서 우주와 조금이라도 관련된 기업이라면 모두 참여해 힘을 모은 셈이다. 이들은 다누리 구성품 설계·제작 등 본체 제작뿐 아니라 다누리에 실린 실험장비인 탑재체, 다누리가 보낸 신호를 수신하는 지상국 안테나 등 전방위적인 분야에 기여했다. 다누리 제작 과정에서 민간이 축적한 기술은 향후 대한민국 우주기업들의 심우주 탐사를 향한 밑거름이 될 것으로 기대되고 있다.

대표적으로 한국의 스페이스X를 꿈꾸고 있는 한화는 다누리 본체의 추진시스템 제작을 맡았고, 한국항공우주산업(KAI)은 본체 구조체 시제작과 조립시험 등을 지원했다. AP위성은 탑재컴퓨터와 시험장비 제작, 솔탑은 전기시험장비 제작을 각각 맡았다. 수십만 km 밖의 위성과도 교신할 수 있는 '심우주 지상시스템' 구축에도 민간 기업 참여가 두드러졌다. SK브로드밴드는 심우주 지상안테나 제작을 맡았고, 한컴인스페이스는 지상국 운영 통합 소프트웨어를 개발했다. 케이씨아이와 쎄트렉아이는 각각 비행항법시스템의 하드웨어와 소프트웨어 개발에 참여했다.

참고로 '다누리'라는 이름은 국민 공모로 결정됐다. 달 탐사선 이름 공모에는 총 6만 2719건이 접수됐다. 다누리는 '달'과 누리다의 '누리'가 더해진 이름이다. 달을 남김없이 모두 누리고 오기를 바라는 마음과 최초의 달 탐사가 성공적이기를 기원하는 의미가 담겼다. 다누리 제안자는 KAIST 신소재공학과에서 박사과정을 밟고 있는 하태현 씨다.

제2의 아폴로 프로젝트, 아르테미스 프로젝트의 선발대

다누리는 미국항공우주국(NASA) 주도로 국제협력이 진행 중인 유인 달 탐사 프로젝트 '아르테미스 프로그램'과도 관련이 있다. NASA가 개발한 '섀도캠(Shadow Cam)'이 탑재되어 있기 때문이다. NASA와 미국 애리조나주립대 등이 참여해 개발한 섀도캠은 고해상도의 카메라와 센서, 망원렌즈로 구성되어 있다. 이를 이용해 달의 남극과 북극에 있는 크레이터(운석 충돌구) 내부는 물론 태양빛이 닿지 않는 달의 어두운 부분을 살펴볼 수 있다. 섀도캠은 미국의 기존 달 정찰위성의 카메라보다 80배나 높은 감도를 갖고 있다. 그만큼 달의 어두운 지역을 좀 더 세밀하게 관찰할 수 있다. 섀도캠은 지금까지 제대로 관찰한 적이 없는 달의 어두운 부분에 '물'이 존재하는지 확인할 수 있을 것으로 기대되고 있다.

섀도캠이 물의 유무를 확인하는 것은 물론 달 표면의 다양한 정보를 수집하고 나면 미국의 유인 달 탐사인 아르테미스 프로젝트가 이를 활용한다. 아폴로 프로젝트에 이은 제2의 유인 달 탐사를 위한 선발대 역할을 하는 셈이다. NASA와 국제사회가 함께 준비하고 있는 아르테미스 프로그램은 2025년까지 2명의 우주인을 달에 보내 물의 존재 여부 등을 직접 확인한다는 계획이 담겼다. 이를 기반으로 달을 심우주 탐사를 위한 전초기지로 활용할 수 있는지를 가늠하게 된다. 한국 역시 아르테미스 프로젝트에 참여키로 했다.

다누리와 교신하기 위해 경기도 여주에 구축된 심우주 안테나. 다누리가 달 궤도에 진입하기까지, 다누리가 달에서 임무를 수행하는 동안 하루에 8시간 지구와의 교신을 책임진다. ⓒ한국항공우주연구원

섀도캠을 포함해 다누리에는 6종의 과학장비가 탑재됐다. 한국항공우주연구원이 제작한 '고해상도 카메라(LUTI)'는 달의 지형을 정밀하게 촬영한다. 이 촬영 정보는 2030년 한국의 달 착륙선이 탐사할 후보지역을 집중적으로 촬영할 예정이다.

한국천문연구원이 개발한 '광시야 편광 카메라(PolCam)'도 실렸다. 달은 대기가 없어 우주 환경에 직접 노출돼 있다. 편광카메라는 달 표면 입자의 크기와 모양, 풍화 정도를 조사해 달 뒷면을 포함한 달 전체의 편광 지도를 만드는 것이 목표다. 편광이란 물체의 표면 특성에 따라 빛의 반사 방향이 달라지는 현상을 의미한다. 서로 다른 물체는 서로 다른 각도로 빛을 반사하듯이, 편광 카메라의 촬영 분석을 기반으로 달 표면의 물리적인 특성을 파악할 수 있다.

한국지질자원연구원의 '감마선분광기(KGRS)', 경희대학교가 제작한 '자기장측정기(KAMG)'는 달의 깊숙한 곳을 들여다보는 임무를 갖고 있다. 감마선분광기는 헬륨-3, 물, 산소 등 5종 이상의 원소 분포를 확인한다. 달 표면에서 방출되는 감마선 스펙트럼을 검출해 달 표면에 존재하는 이 원소들의 분포를 지도처럼 그려낼 예정이다. 자기장측정기로는 달 주위의 미세한 자기장을 측정해 달에 분포하는 자기 이상

다누리 관제실의 사전 모니터링 작업. ⓒ한국항공우주연구원

지역과 달의 우주 환경을 연구한다. 이를 통해 달의 과거를 알 수 있는 단서를 찾을 수 있다.

또한 다누리는 세계 최초로 달 궤도에서 지구와 우주인터넷 통신을 시험하는 임무도 갖고 있다. 다누리에 탑재된 한국전자통신연구원(ETRI)의 '우주인터넷 장치(DTNPL)'는 달에서 직접 지구로 메시지와 파일을 전송하고 실시간 동영상 스트리밍도 시도한다는 계획이다. 특히 이 기기에는 그룹 방탄소년단(BTS)의 노래 '다이너마이트'가 저장되어 있는데, 다누리가 달 궤도에 안착한 후 이 파일을 재생해 지구로 송출할 예정이다.

세계 각국이 달을 다시 찾는 이유

2021년 5월 27일 과학기술정보통신부는 NASA와 아르테미스 참여를 위한 서명을 했다. 아르테미스 프로그램은 1972년 종료된 아폴로 프로젝트에 이어 50여 년 만에 인류를 다시 달로 보내는 프로젝트다. 아르테미스 프로젝트는 단순 달 탐사에서 나아가 달에 유인 달 기지를 건설한다는 목표까지 담고 있다. 아르테미스 참여로 한국 또한 달 탐사를 비롯해 달기지 건설에 참여할 수 있는 가능성이 높아졌다.

누군가는 아폴로 프로젝트가 냉전시대 애국심 고취는 물론 미국과 옛 소련의 군비 경쟁을 상징한다고 이야기한다. 아폴로 프로젝트 이후 기술이 충분히 발전했음에도 어느 나라도 달에 사람

을 보내지 않았던 만큼 비용 대비 효용성이 떨어진다는 얘기도 한다. 아폴로 프로젝트에 쓰인 돈은 현재 가치로 약 170조 원에 달한다.

하지만 비용 대비 효용성이 떨어진다는 얘기는 일부는 맞고 일부는 틀리다. 아폴로 프로젝트가 천문학적인 돈을 투자해 가며 미국과 옛 소련이 벌였던 군비경쟁의 연장선상에 있다는 것은 맞지만, 현재 달 탐사는 과거보다 경제성이 많이 확대됐다. 성공만 한다면 돈을 아낄 수 있다는 얘기다. 바로 '물' 때문이다.

1990년대 NASA가 '달에 물이 존재한다'는 연구를 발표했을 때만 해도 당시 연구결과는 '가능성'에 무게를 뒀다. '물이 존재한다'라기보다는 '물이 존재할 가능성이 높다'는 뜻으로 말이다. 하지만 2009년 10월 NASA는 '달 크레이터 관찰 및 탐지위성(LCROSS)'을 달에 충돌시켰

미국항공우주국(NASA) 주도로 진행하고 있는 아르테미스 프로젝트의 상상도. 화성 임무를 준비하기 위해 달에서 오랫동안 거주할 수 있도록 만드는 것이 목적이다. ©NASA

고, 이후 우주로 뿜어져 나온 파편을 관찰한 결과, 달 남반구에 올림픽 규격 수영장 1500개를 채울 수 있는 38억 L의 물이 얼음 형태로 존재한다는 게 확인됐다. NASA는 이후 추가 연구를 통해 달 표면 전반에 많은 물이 존재할 것이라는 결론을 내렸다.

물은 산소와 수소로 이루어진 만큼 사람에게 필요한 공기뿐 아니라 발사체 연료 등으로 사용할 수 있다. 달에 얼음이 존재한다는 사실이 확인되면서 달에 인류가 거주할 기지를 만들 수 있는 과학적 근거가 구축된 셈이다. 달과 지구의 거리는 약 38만 km. 지구와 화성이 가장 가까울 때 거리인 5400만 km와 비교하면 상당히 가까운 거리다. 만약 지구에서 발사체를 타고 달에 간다면 1~2일이면 도착할 수 있는데, 화성까지 가려면 최소 6개월이 필요하다. 이미 개발된 발사체 기술로도 충분히 인류를 달로 보낼 수 있기 때문에 굳이 화성이 아니더라도 달에 인류 정착지를 만들 수 있다.

달에는 대기가 없는 만큼 달에 기지를 만든 뒤, 여기서 우주로 향하는 발사체를 발사할 수 있다면 적은 연료로도 더 먼 우주까지 빠르게, 그리고 많은 짐을 싣고 갈 수 있다. 지구에서 우주로 나가는 발사체 연료의 90%는 지구 대기권을 통과하는 데 사용된다. 달에서 출발하는 경우 발사체 연료의 100%를 우주탐사에 모두 활용할 수 있다는 뜻이다. 달에서 우주로 물건을 보내는 데 필요한 에너지는 지구의 24분의 1, 즉 약 4%에 불과하다. 달에 가장 먼저 기지를 건설하는 국가가 화성을 포함해 더 먼 우주를 선점할 수 있을 것이라고 예상할 수 있다.

달은 심우주탐사를 위한 전초기지로 주목받지만, 달 자체가 보유하고 있는 자원도 관심을 모은다. 달에는 물뿐 아니라 희귀원소인 희토류가 풍부하게 매장되어 있는 것으로 알려져 있다. 희귀금속인 희토류는 반도체, 디스플레이 등을 만들 때 사용된다. 특히 달의 자원 중 가장 주목을 받는 것은 '헬륨-3(He-3)'다. 헬륨-3를 바닷물에 풍부한 중수소와 핵융합시키면 엄청난 에너지가 생산된다. 환산해보면 1g의 헬륨-3로는 석탄 40t이 생산하는 에너지를 만들 수 있다. 석유 1g의 열량과 비교하면 약 1400만 배에 달한다. 달에는 이렇듯 1t당 50억 달러 가치를 가진 헬륨-3가 100만 t이 넘게 매장돼 있는 것으로 알려져 있다. 돈으로 환산하면 5,000조 달러(560경 원)로 전 세계 GDP의 57배 수준이다.

핵융합이 성공해야 한다는 가정이 붙지만, 어찌 됐든 이 헬륨-3를 지구로 가져올 수 있을까. 2019년 지질자원연구원이 발표한 논문에 따르면 달 표면에서 헬륨-3이 풍부한 지역은 그리말디와 리치올리, 모스크바의 바다, 폭풍의 대양 남서쪽, 고요의 바다 북서쪽, 풍요의 바다 북동쪽 등이다. 다만 헬륨-3를 채굴하는 기술은 아직 개발되고 있다. 미국, 유럽, 중국 등에서는 현재 달 표면에 부존하는 알루미늄, 철, 티타늄, 마그네슘, 석영유리 등의 물질 중에서 정제된 헬륨-3를 추출해

유럽우주국(ESA)이 2040년까지 달에 건설할 계획인 '문 빌리지'의 상상도. ⓒESA

내는 방법을 연구하는 중인데, 아직 현실화된 것은 아니다. 채굴 기술이 개발된다고 해도 이를 채굴하기 위해서는 인간이 상주하는 채굴 기지가 먼저 건설돼야 한다. 채굴한 헬륨 3를 지구로 귀환하는 데 드는 기술과 비용도 해결해야 할 문제 중 하나다.

이처럼 다양한 이유로 NASA를 비롯한 우주개발 강국이 2010년 이후 달 탐사에 적극적으로 나서고 있다. 유럽우주국(ESA)은 2040년까지 '문 빌리지'라는 이름의 기지를 달에 건설할 계획이다. 달의 남극에 100여 명의 탐사대원이 상주할 수 있는 공간을 만든다는 것이다. 일본에서는 민간기업이 달 탐사에 나선다. 일본의 우주기업 아이스페이스가 달 착륙선 발사를 계획하고 있으며, 중국은 '창어 계획(嫦娥工程)'을 통해 2007년부터 달 탐사에 적극적으로 나서고 있다. 중국의 창어 4호는 2018년, 세계 최초로 달의 뒷면에 착륙하는 성과를 거두기도 했다. 이어 창어 5호가 월석을 채취해 지구로 귀환했다. 인도도 달 탐사에 적극 나서고 있다. 인도가 처음 달 궤도선을 발사한 것은 2008년인데, 찬드라얀 1호를 통해 달 북극 지역 관측을 통해 물이 존재할 것으로 예측하는 성과를 냈다. 2019년에는 찬드라얀 2호를 발사하며 달 착륙을 시도했으나 실패하기도 했다.

뉴 스페이스 시대, 한국의 도전장

2023년 1월부터 본격적으로 임무 수행에 나선 다누리의 수명은 1년. 연료에 여유가 있는 경우 정상운영 종료 6개월 전인 2023년 7월께 운영 연장 여부를 결정할 예정이다. 임무가 끝나면 달의 중력에 이끌려 서서히 달로 향하고 달 표면과 충돌하게 되는데, 충돌 직전까지 작동할 수 있는 탑재체를 모두 가동해 정보를 끌어모은다는 계획을 갖고 있다.

다누리는 수명이 다해도, 한국의 우주 도전은 계속된다. 다누리의 임무가 끝나면 한국 정부는 2030년 초까지 1.5t급 이상의 달 착륙선을 개발해 달 표면에 착륙시킨다는 계획을 추진하고 있다. 달 탐사 '로버'

도 함께한다. 로버는 자원탐사를 비롯해 현지 자원 활용 등 다양한 과학 임무를 수행할 예정이다. 이미 한국과학기술연구원(KIST)은 해당 로버를 개발하기 위한 기초 연구도 마친 상태다. 또한 독자적인 심우주 탐사 역량을 확보하기 위해 달 착륙선은 누리호의 후속인 차세대 한국형 발사체로 발사하는 것이 목표다.

다누리는 인공위성과 발사체에 머물던 한국의 우주개발 영역이 확대된다는 상징적인 의미를 지닌다. 한국 최초의 인공위성인 우리별 1호 발사가 1992년이었던 만큼 30년 만에 위성과 발사체 개발을 거쳐 달 궤도선 개발까지 성공한 셈이다. 다누리가 성공적으로 임무를 마치고 아르테미스 프로그램과 같은 국제협력 연구에도 기여한다면 향후 달 기지 건설과 같은 도전적인 우주 R&D가 탄력을 받을 수 있다.

전 세계는 지금 치열한 '우주 전쟁'을 벌이고 있다. 전통 우주 강국뿐 아니라 이제 막 우주개발을 시도하는 국가와 민간 기업까지 앞다퉈 우주를 향해 발사체로 위성, 탐사선을 쏘고 있다. 이른바 '뉴 스페이스' 시대의 도래다. 2021년에는 우주개발 역사상 가장 많은 144기의 발사체가 우주로 향했다. 2000년대 들어 1년에 우주로 향한 발사체 수가 70기 정도에 머물렀던 것에 비해 두 배 이상 급증한 셈이다. 이는 아폴로 달 탐사가 한창이던 1960년대 중후반보다도 더 많은 숫자다. 우주 분야 컨설팅업체인 유로컨설트는 2019년부터 2028년까지 우주로 향하는 발사체 수가 과거 10년에 비해 4배 이상 증가할 것이라는 전망치를 내놓았다. '돈'이 될 수 있는 새로운 시장을 선점하기 위해 많은 나라가 앞다퉈 달려가고 있다고 해석할 수 있다.

한국 역시 본격적인 뉴스페이스 시대에 대응하기 위해 차세대 발사체, 달 탐사선 개발과 같은 R&D 외에 2023년부터 향후 5년간 독자적인 위성 발사 서비스 사업을 본격화한다는 계획을 추진하고 있다.

2024년에 발사될 누리호에는 500kg급 지상관측 위성인 '차세대중형위성 3호'와 50kg 이하인 '초소형위성 1호'가 탑재된다. 정부는 초소형위성 1호를 시작으로 2031년까지 6세대(G) 통신망을 구축하고 우주

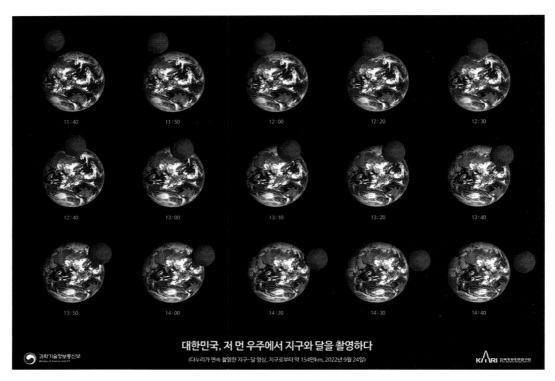

대한민국, 저 먼 우주에서 지구와 달을 촬영하다
(다누리가 연속 촬영한 지구-달 영상, 지구로부터 약 154만km, 2022년 9월 24일)

2022년 9월 24일 다누리가
고해상도카메라로 지구를
공전하는 달을 15장 연속으로
촬영한 사진. 달이 지구로부터
약 154만 km 떨어진 모습이다.
ⓒ한국항공우주연구원

전파 환경 관측 등에 활용할 수 있는 초소형위성 100기를 산업체 주도로 개발할 계획이다. 정부 주도의 우주개발이 민간 중심으로 확산될 수 있는 마중물을 놓겠다는 듯이다. 초소형위성 2~6호는 2026년 5번째 누리호 비행모델에 실려 발사되고, 2027년에는 초소형위성 7~11호가 누리호 6호에 실려 우주로 올라간다. 누리호는 한 번에 1.5t을 지구 저궤도까지 실어나를 수 있기 때문에 국내 위성들을 싣고도 남는 공간은 해외 위성에 발사 서비스를 제공하는 데 활용될 예정이다.

2023년부터 본격적으로 개발에 착수하는 한국형 차세대 발사체에는 누리호 개발 과정에서 얻은 노하우가 반영된다. 누리호보다 더 먼 우주로 향할 차세대 발사체는 액체산소와 케로신(등유)을 기반으로 한 2단형 발사체다. 1단 엔진은 100t급 다단연소사이클 방식 액체엔진 5기를 묶는 클러스터링 기술과 함께 재점화, 추력 조절 등 재사용 발사체 기반 기술이 적용될 예정이다. 2단 엔진은 10t급 다단연소사이클 방식 액체엔진 2기로 구성되고 다회 점화, 추력 조절 등의 기술이 도입된다.

　　3단 로켓이었던 누리호보다 단수는 줄었지만, 추력은 크게 늘었다. 차세대 발사체는 600~800km 상공인 지구저궤도에는 10t, 달 궤도까지는 1.8t의 화물을 실어 보낼 수 있도록 설계된다. 본격적인 첫 임무는 2031년 달 착륙선 발사다. 차세대 발사체는 설계부터 최종 발사에 이르는 전 과정을 추후 선정될 체계종합기업이 한국항공우주연구원과 공동 수행하는 식으로 개발 단계부터 우주기업 육성을 목표로 추진한다. 발사체 개발과는 별도로 우주탐사, 위성 및 위성항법시스템 개발도 정부의 우주개발진흥계획에 맞춰 진행 중이다.

　　3조 7,000억 원의 예산과 14년의 긴 시간이 투입되는 초거대 프로젝트인 한국형 위성항법시스템(KPS) 개발도 시작된다. KPS는 한반도와 그 부속 도서에 한해 센티미터(cm)급 초정밀 위치 · 항법 · 시각 정보를 제공한다. 2035년 KPS 구축이 완료되면 미국에서 만든 위성항법시스템(GPS)과 호환하면서, 비상시에는 독자적으로 지금보다 한 차원 높은 위치 · 항법 · 시각 정보를 제공할 수 있다. 이를 위해 2027년 위성 1호기 발사를 시작으로 2035년까지 총 8기의 위성을 발사하고 지상 · 사용자 시스템을 구축한다.

　　"달로 돌아가야 할 시간이다. 이번에는 달에 머물기 위해서다(It is time to go back to this Moon, this time to stay)." 국제학술지 「뉴스페이스」가 2016년 3월 발행한 특별판 첫 번째 논문 서문에 실린 문장이다. NASA, ESA 같은 우주개발 연구소, 스페이스X, 블루오리진 같은 우주개발 기업은 화성에 식민지를 건설하기 위해, 밤마다 우리에게 인사하는, 지구와 가장 가까운 '달'을 쳐다볼 것을 주문하고 있다. 그리고 한국은 다누리를 통해 인류의 '두 번째 아폴로 프로젝트'인 아르테미스 프로젝트의 선발대 역할을 맡았다. 앞으로 10년 뒤, 달은 어떻게 바뀌어 있을까.

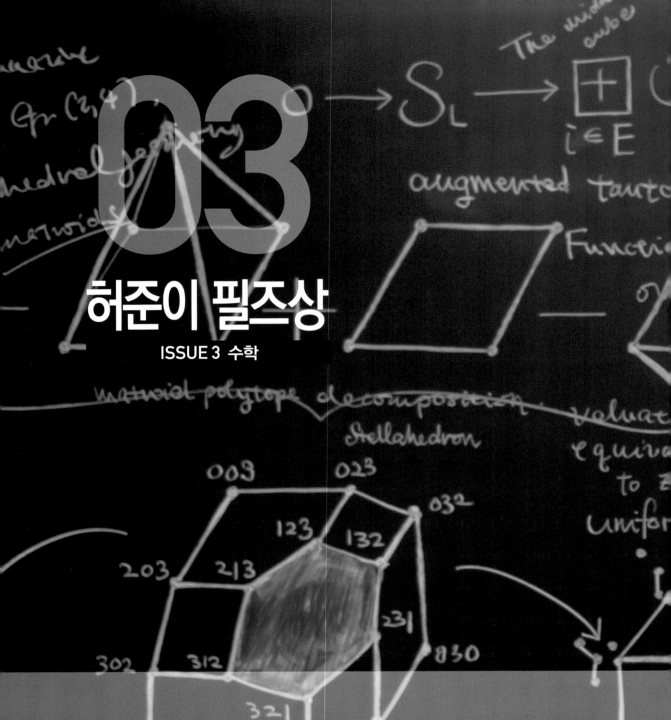

03

허준이 필즈상

ISSUE 3 수학

김미래

이화여자대학교 수학과를 졸업하고, 동아사이언스에서 「수학동아」 수학
기자로 활동했다. 2022년 필즈상 취재기사로 과학기자협회에서 수여하는
'2022 올해의 의과학취재상'을 수상했다. 현재 수학, 과학 콘텐츠 제작 일을
하고 있다.

$$\longrightarrow Q_L \longrightarrow \bigcirc$$

Decomposition of the
hypersimplex corresponding
uniform matroid U_r

Tutte evaluation
of Chern classes

al sequence

Grassm

the Kras

mod valuative
relations.

$$\int_{X_E}$$

$$C(Q_M, \nu)\, C\left(\boxplus_{i \in E}\right)$$

$$(\nu+1, \nu+1)$$

3)

$$n(2,3)$$

한국인 최초로 필즈상을 수상한
허준이 교수. ©John D. and
Catherine T. MacArthur Foundation.

한국인 수학자 허준이, '수학계 노벨상' 필즈상을 수상하다

2022년 필즈상을 수상한 허준이 프린스턴대 수학과 교수. ©Princeton University

2022년 7월 5일 믿을 수 없는 일이 일어났다. 핀란드에서 열린 세계수학자대회(ICM)에서 허준이 미국 프린스턴대 수학과 교수가 한국계 최초로 필즈상을 수상한 것이다. 여러 업적을 세운 그의 수상은 자명했지만, 노벨상보다 받기 어렵다는 필즈상을 국내 수학자가 받았다는 점에서는 매우 놀라웠다. 필자는 당시 핀란드에서 허준이 교수의 수상을 직접 눈으로 확인하고 수상 소식을 한국에 전했다. 2018년부터 줄곧 허준이 교수가 수상자 후보로 언급돼 왔는데, 기대했던 일이 실제로 일어난 것이다.

수상 소식이 한국에 전해지자 한국 수학계는 기쁨과 감격스러움을 감출 수 없었다. 연일 축제 분위기로 허준이 관련 일화를 쏟아냈고 여러 인터뷰를 통해 허준이 교수를 소개했다. 언론 역시 허준이 교수의 수상 소식을 보도했다. 하지만 시간이 조금 흐르자 언론은 잠잠해졌다.

허준이 교수가 수상하기 전 필즈상 자체가 낯설었던 것을 대변하는 현상이었다. 아직 수학은 너무 어렵고, 국가적 큰 영광이 아닌 이상 언론에서 다룰 재미있는 소재가 아니라는 뜻이다. 수학으로 글을 쓰며 취재하는 수학 기자로서 이런 점이 참 아쉬웠다. 다시금 필즈상의 중요성, 허준이 교수의 업적을 짚으며 수학의 재미를 조금은 느끼는 기회가 됐으면 좋겠다.

필즈상이란?

1897년 시작된 세계수학자대회는 수학계에서 가장 큰 행사로 국제수학연맹이 4년마다 주최한다. 각국의 저명한 수학자들이 한곳에 모여 강연을 하고 새로운 연구를 공개하기도 하는 행사다. 9일 동안 진행되는 세계수학자대회의 개막식에서 필즈상 수상자가 발표된다. 수학계에서 가장 중요한 행사의 시작을 필즈상이 장식하는 것이다.

필즈상은 수학의 발전을 위해 평생을 애쓴 존 찰스 필즈(John Charles Fields) 덕분에 탄생했다. 그는 생전에 과학계의 노벨상처럼 수학 분야의 권위 있는 상을 만들어야 한다고 강력히 주장했다. 1920년대 후반부터 영예로운 수학상을 계획했지만, 건강이 악화돼 생전에 상의

필즈상 메달의 앞면과 뒷면.
©wikipedia/Stefan Zachow

탄생은 목격하지 못했다. 대신 유언장을 통해 필즈 메달 기금으로 4만 7,000달러를 기부했고, 이 뜻을 이어받은 아일랜드의 수학자 존 라이튼 신(John Lighton Synge)이 필즈상을 만들었다. 그리고 1936년 제10회 세계수학자대회에서 필즈의 이름을 딴 필즈상이 처음으로 수여됐다.

필즈상은 '수학계의 노벨상'으로 불린다. 노벨상과 필즈상은 모두 각 분야에서 가장 권위 있는 상이지만, 두 상은 다른 점이 많다. 노벨상은 매년 수상자를 배출하는 반면, 필즈상은 4년마다 1번 수여한다. 나이 기준도 다르다. 필즈상은 만 40세 미만의 수학자에게 수여한다는 특별한 조건이 있다. 이는 젊은 수학자들이 이 상을 통해 연구비 걱정 없이 수학 연구에 몰두할 수 있도록 하기 위함이다. 나이 기준이 다르다 보니 수상자 선정 기준도 다르다. 노벨상은 일생을 통틀어 이뤄낸 업적을 평가해 수상자를 정하는 반면, 필즈상은 향후 연구를 통해 인류에게 기여할 가능성을 평가한다. 노벨상보다 필즈상이 수상자가 많이 배출되지 않기 때문에 좀 더 받기 까다로운 상으로 여겨지기도 한다.

세계수학자대회에서 수여되는 상은 필즈상만 있는 것은 아니다. 정보과학 분야에서 수학적으로 큰 기여를 한 사람에게 주는 '아바쿠스상', 공학, 산업처럼 수학 이외의 분야에서 큰 공헌을 한 응용수학자에게 주는 '가우스상', 순수수학 분야의 공로상인 '천상', 대중에게 수학을 널리 알리는 인물에게 주는 '릴라바티상'도 있다. 이 중에서 아바쿠스상은 과거 '네반리나상'이라 불렀지만, 핀란드 수학자 네반리나가 제2차 세계대전 당시 아돌프 히틀러를 지지했다는 정황이 나오면서 이름을 아

2022년 허준이 교수와 함께 필즈상을 수상한 제임스 메이나드, 마리나 비아조프스카, 위고 뒤미닐 코팽(왼쪽부터). ⓒwikipedia

바쿠스상으로 바꿨다.

2022년 세계수학자대회에는 필즈상 수상자를 포함한 8명의 수상자가 모두 참석하지 못했다. 온라인으로 개최됐기 때문이다. 코로나19(COVID-19)로 인해 온라인으로 개최됐다고 생각하겠지만, 사실 그 이유는 러시아의 우크라이나 침공 때문이다. 2022년 세계수학자대회는 원래 러시아 상트페테르부르크에서 열리는 것으로 계획됐었다. 하지만 러시아의 우크라이나 침공으로 전쟁이 확산되자 국제수학연맹은 러시아의 군사행동을 규탄하기 위해 2022년 세계수학자대회의 러시아 개최를 취소하고 온라인으로 열었다.

2022년 필즈상은 허 교수를 포함해 정수론의 여러 문제를 해결한 제임스 메이나드(James Maynard) 영국 옥스퍼드대학교 교수, 고차원의 케플러 문제를 해결한 마리나 비아조프스카(Maryna Viazovska) 스위스 로잔연방공과대학교 교수, 확률론 방식으로 통계물리 모형을 연구해 새로운 분야를 만든 위고 뒤미닐 코팽(Hugo Duminil-Copin) 프랑스 고등과학연구소 교수 겸 스위스 제네바대학교 교수가 수상했다.

허준이 교수는 누구인가?

그렇다면 한국계 수학자 최초로 필즈상을 받은 허준이 교수는 누구일까? 허준이 교수는 1983년 미국 캘리포니아주에서 한국인 부모 아래에서 태어났다. 당시 허 교수의 부모는 스탠퍼드대학교에서 대학원 생활을 하던 중이었다. 이후 허 교수는 한국으로 돌아와 초등학교와 중학교를 나온 뒤 고등학교를 자퇴했다. 2007년 서울대학교 물리천문학과와 수학과에서 학사 학위를 받았고, 2009년 같은 학교 수학과에서 석사 학위를 받았다. 이후 미국으로 건너간 허 교수는 2012년 박사학위 과정을 이수하면서 45년간 수학계 난제였던 추측들을 꾸준히 해결하며 수학계 스타로 발돋움했다.

필즈상을 받기 전까지만 해도 허준이 교수는 '수포자'로 인식되

필즈상을 받은 뒤 서울대에서 기념 강연을 하고 있는 허준이 교수. ⓒ서울대

어 있었다. 사실 고등학교를 자퇴한 수포자가 엄청난 수학자가 되었다는 인생 역전 스토리의 주인공쯤으로 다루기 위해 언론이 만들어 낸 이미지였다. 하지만 그는 수학을 포기한 적은 없다고 답했다. 한 자리에 오래 앉아 수업을 듣고 문제 푸는 걸 어려워한 것은 사실이지만, 수학을 포기한 적은 없다는 뜻이다. 또 중간 정도의 수학 실력은 유지했다고 「수학동아」와의 인터뷰에서 밝혔다.

그는 수학보다는 글쓰기를 좋아했다. 글을 쓰면서 의미를 다시금 상기하고 음미하는 것을 좋아했다고 한다. 그런 경험 때문인지 허준이 교수의 논문은 잘 정리되어 있는 것으로 유명하다. 허 교수의 오랜 지인 김재훈 KAIST 수리과학과 교수는 허준이 교수에 대해 다음과 같이 소개했다. "나는 말하는 것, 글을 쓰는 것보다 생각이 더 빠른 편이었다. 그래서 평소에 글 쓰는 연습을 하지 않았다. 딱히 불편하다고도 느끼지 않았는데, 허준이 교수를 만나 생각이 바뀌었다. 허 교수는 자신의 생각을 글로 잘 표현하는 사람이다. 생각을 글로 잘 표현하는 것이 매우 중요하다는 것을 논문을 쓸 때뿐만

허준이 교수를 수학자로 이끈 히로나카 헤이스케 교수. 그는 1970년 필즈상을 수상한 수학자이다. ⓒwikipedia

아니라 여러 수학자와 교류할 때 느낀다."

글 쓰는 것을 좋아했던 그는 과학 글을 쓰는 기자를 꿈꾸며 서울대학교에 입학했다. 그의 대학 시절은 순탄치 않았다. 3학년 1학기에 모든 과목에서 D와 F를 받았고 대학교를 6년이나 다니기까지 했다. 그를 바꾼 수업은 1970년 필즈상을 수상한 '히로나카 헤이스케'의 수업이었다. 허 교수의 스승인 김영훈 서울대학교 수리과학부 교수는 "당시 수업이 매우 어려워 대부분의 학생이 떠났는데, 허 교수만이 끝까지 남아 있었다"고 히로나카 헤이스케 교수의 수업을 듣던 허준이 교수를 기억했다. 허 교수는 그 수업을 통해 수학에 매료됐고 수학자가 되기로 마음먹었다.

이후에도 수학자의 길은 순탄치 않았다. 박사학위 과정을 밟기 위해 12곳에 지원했는데, 미국 일리노이대학교 단 한 곳만 합격했다. 그곳에서 할 쉔크(Hal Schenck) 교수를 만나며 조합론을 처음 배웠다고 한다. 그 배움 속에서 석사학위 과정 시절 히로나카 교수에게 배운 내용을 적용하면 어떨까 하는 생각이 들었고 그 아이디어로 연구를 진행했다. 그 결과 수학계의 난제를 해결하게 됐다.

좋은 연구성과를 계속해서 발표하자 미시간대학교에서 박사학위 과정 제안이 들어와 학교를 옮겼다. 그 이후부터 계속해서 좋은 연구 결과를 발표해 필즈상까지 거머쥐게 되었다. 그는 자신이 다른 사람들보다 느려서 동료와 함께했을 때 시너지가 더 올라간다고 말한다.

그는 수학이라는 학문에 매력에 대해 "우연의 우연을 거듭해서 정답으로 귀결되는 과정이 신기하고 개인적으로 소중한 추억이 됐다"면서 "끊을 수 없는 중독성이 수학의 매력"이라고 말했다. 또 스스로도 자신은 의미를 찾는 것을 중요하게 생각한다며 의미를 좇다 보니 여기까지 온 것 같다고 말하기도 했다.

미국 프린스턴대 수학과에 재직 중인 허준이 교수. 대수기하학의 도구로 여러 조합론 문제를 푸는 연구를 해왔다. ©Pricenton University/ Denise Applewhite

허준이 교수, '기하학적 조합론' 발전시킨 공로

2022년 세계수학자대회를 취재하기 위해 핀란드 현지에서 만난 카를로스 케니그(Carlos Kenig) 국제수학연맹의 회장은 "허준이 교수는 조합론 분야에서 필즈상을 수여한 최초의 수학자"라고 말했다. 또 필즈상 선정위원회는 "대수기하학의 도구를 사용해 여러 조합론 문제를 풀어 '기하학적 조합론'을 발전시킨 공로로 허준이 교수에게 필즈상을 수여한다"고 선정 이유를 밝혔다. 허 교수의 업적에서 중요한 부분은 바로 조합론과 대수기하학이다.

수학은 크게 두 분야로 나눌 수 있다. 연속적인 것을 다루는 학문과 불연속적인 것을 다루는 학문이다. 전자의 대표적인 예로는 해석학이 있고 후자의 대표적인 예로는 정수론이 있다. 조합론은 후자에 속한다. 조합론은 유한하거나 가산적인(countable) 구조들에 대해 주어진 성질을 만족시키는 것들의 가짓수나 어떤 주어진 성질을 극대화하는 것을 연구하는 수학 분야다.

조합론에 대해 쉽게 이해하기 위해선 경우의 수를 떠올리면 좋다. 예를 들어 A, B, C, D, E 5명의 학생이 있을 때 이 학생을 일렬로 줄 세우는 경우의 수를 구해보자. 그런데 여기에 여러 조건을 추가한다. A와 E는 연속하면 안 되고 B가 맨 뒤에 있으면 안 된다. 이런 조건을 모두 만족시키는 경우의 수를 세는 문제를 탐구하는 문제이다.

대수기하학은 대수학과 기하학이 합쳐진 분야이다. 대수학은 수와 집합의 연산구조 등을 연구하는 분야이고, 기하학은 공간에 있는 도형의 성질을 연구하는 분야이다. 다시 말해 대수기하학은 대수학을 통해 도형의 성질을 연구하는 분야이다. 1차 다항식으로 직선이나 평면을 나타내고 2차 다항식으로 타원이나 쌍곡선을 그려 이해하는 것을 떠올릴 수 있다.

2012년 2월 세계 수학계에서 가장 권위 있는 학술지로 손꼽히는 미국수학회지에 아직 학위도 받지 않은 박사과정생이 단독으로 쓴 논문이 게재됐다. 미국수학회지는 노련한 수학자들도 논문을 발표하기 어려운 학술지다. 바로 이 학생이 허준이 교수이다. 허 교수가 당시 발표한 논문(Milnor numbers of projective hypersurfaces and the chromatic polynomial of graphs)은 '리드의 추측'을 해결한 내용이었다. 이후 꾸준히 연구를 이어가 2022년까지 해결한 난제가 11개나 된다.

2012년 허 교수가 해결한 리드의 추측은 1968년 영국 수학자 로널드 리드(Ronald C. Read)가 제기한 추측이다. 이 추측을 이해하기 위해선 '4색 정리'를 알아야 한다. 4색 정리는 조합론의 고전 문제 중 하나다. 평면지도에 있는 모든 나라를 4가지 색만 써서 구분해 색칠할 수 있는가 하는 문제다. 1852년 프랜시스 구드리(Francis Guthrie)가 이 문제를 발견했는데, 이 문제를 동생인 프레데릭 구드리(Frederick Guthrie)에게 알려줬고, 다시 이 문제를 오거스터스 드모르간(Augustus De Morgan) 교수에게 물었다. 돌고 돌아 당시 저명한 수학자이던 드모르간에게 넘어간 이 문제는 유명한 수학자들 사이에서 논의되기 시작했다. 그러자 더 많은 수학자의 관심을 끌게 됐고, 100년 넘게 많은 수학자의 도전이 계속됐다. 결국 1976년 미국 일리노이대학교의 두 교수 케네스 아펠(Kenneth Appel)과 볼프강 하켄(Wolfgang Haken)이 컴퓨터를 사용해 풀었다.

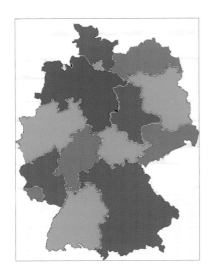
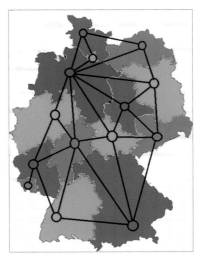

독일 지도에 적용한 4색 정리. 각 주를 4가지 색으로 칠하되, 인접한 주를 서로 다른 색으로 칠해야 한다. 각 주를 점으로 표현해 인접한 주를 변으로 연결해 그래프로 바꿔서 풀면 이해하기 쉽다. ©wikipedia/Tomwsulcer

4색 정리를 풀 때 그래프로 바꿔서 풀면 이해하기 쉽다. 각 나라를 점으로 표현하고 인접한 두 나라는 변으로 연결하는 것이다. 그렇게 지도 속 모든 나라와 인접한 관계를 그래프로 나타낼 수 있다.

1932년 조지 데이비드 버코프(George David Birkhoff)와 해슬러 휘트니(Hassler Whitney)는 4색 정리를 발전시켜 '채색 다항식'이라는 함수를 정의했다. 채색 다항식이란 어떤 그래프에서 이웃한 꼭짓점은 서로 다른 색이 되도록 꼭짓점을 q개 이하의 색으로 칠하는 방법의 수를 나타내는 식이다. 식으로는 $\chi_G(q)$라고 나타낸다.

채식 다항식을 구하는 방법을 설명하는 그림. 빨강, 파랑, 노랑 3가지 색으로 이웃한 꼭짓점에 서로 다른 색을 칠하는 방법의 수를 생각해보자.

예를 들어 사각형 그래프 G를 빨강, 파랑, 노랑 세 가지 색을 사용해 이웃한 꼭짓점이 서로 다른 색이 되도록 색칠하는 방법의 수라고 하자. 즉 그래프 G의 채색 다항식은 $\chi_G(3)$으로 나타난다. 이 경우 한 꼭짓점 v_1에 빨간색을 칠하고 나면 인접한 두 꼭짓점 v_2, v_4의 색이 같을 경우는 $3 \times 2 \times 2$로 12가지이고, v_2, v_4 두 꼭짓점의 색이 다를 경우는 3×2로 6가지가 있다. 총 18가지 경우의 수가 나오는 것이다. 색칠하는 색깔의 개수를 일반화해 $\chi_G(q)$를 구해보면 $q^4 - 4q^3 + 6q^2 - 3q$가 나온다. 이 채색 다항식의 q에 3을 넣으면 $\chi_G(3)=18$로 위에서 구한 결과와 같음을 확인할 수 있다.

귀납적인 방법을 통해 $\chi_G(q)$의 채색 다항식을 구해보자. 그러기 위해선 먼저 '제거-압축 공식'을 알아야 한다. 두 꼭짓점 v_1과 v_2를 잇는 변을 제거한 그래프를 G_1이라 하고, 그래프 G_1에서 꼭짓점 v_1, v_2를 하나로 압축한 그래프를 G_2라 하자. 이제 두 그래프에서 인접하는 두 꼭짓점의 색이 같지 않도록 칠해보자. 그래프 G_1의 경우 v_1과 v_2가 연결되어 있지 않다. 즉, 인접하지 않기 때문에 서로 다른 색일 필요가 없어 $3 \times 2 \times 2 \times 2 = 24$이다. 반면 그래프 G_2는 v_1과 v_2가 이미 하나로 압축되어 붙어 있기 때문에 무조건 같은 색으로 칠해져 $3 \times 2 \times 1 = 6$이다. v_1과 v_2에 아무 제약 없이 색을 칠한 경우의 수에서 과 가 서로 같은 경우의 수를 빼면 v_1과 v_2가 서로 다른 경우의 수만 남는다. 결국 G_1의 채색 다항식에서 G_2의 채색 다항식을 빼면 G의 채색 다항식을 구할 수 있다. 바로 이 공식이 제거-압착 공식이다.

그럼 이제 그래프 G_1의 채색 다항식과 그래프 G_2의 채색 다항식을 구해보자. 그래프 G_1의 채색 다항식은 $q(q-1)^3$이고, G_2의 채색 다항식은 $q(q-1)(q-2)$이다. 즉, $G_1 - G_2 = q(q-1)^3 - q(q-1)(q-2) = q^4 - 4q^3 + 6q^2 - 3q$가 나온다.

채색 다항식을 살펴보면 신기한 패턴을 발견할 수 있다. 계수들의 절댓값이 증가하다가 어느 지점부터 감소하는 패턴을 보인다는 사실이다. $\chi_G(q) = x^4 - 4x^3 + 6x^2 - 3x$ 역시도 $1 \to 4 \to 6 \to 3$으로 증가하다가 감소한다. 이런 패턴이 모든 그래프에 대해 참이라는 추측이 바로 '리드의 추측'이다.

1974년에는 영국의 수학자 스튜어트 호가(Stuart G. Hoggar)에 의해 더 강화된 추측이 나왔다. 채색 다항식의 계수들의 절댓값에 로그를 취한 값이 아래로 오목하다는 것이다. 아래로 오목하다는 것은 곡선 위에 임의의 두 점을 잡아 직선으로 연결했을 때 그 직선이 곡선보다 아래에 있는 것을 말한다. 이 곡선에 로그를 취하면 더 완만한 곡선이 그려지는데, 이것이 로그-오목이다. 로그-오목인 값은 항상 증가하다가 감소한다. 채색 다항식의 계수들이 로그-오목성을 가진다는 것이 '호가의 추측'이다. 허 교수는 2014년 '호가의 추측'을 해결했다.

허 교수는 같은 해인 2014년 '메이슨-웰시 추측'까지 해결했다. 메이슨-웰시 추측은

2018년 브라질 리우데자네이루에서 열린 세계수학자대회(ICM)에서 초청 강연자로 나선 허준이 교수. ©ICM

로그-오목의 특성을 벡터 공간까지 넓힌 추측이다. 유한 차원 벡터 공간에 영벡터가 아닌 유한개의 벡터들의 집합 E가 주어졌고 이때 원소가 i개인 E의 부분 집합 중 일차독립인 것의 개수를 $f_i(E)$라고 나타내 보자. 여기서 일차독립이란 한 벡터가 나머지 벡터의 일차결합으로 만들어질 수 없는 경우를 말한다. 일차결합은 벡터 공간을 정의하는 두 연산인 덧셈과 스칼라 곱을 동시에 사용해 만든 벡터들의 결합을 말한다. 그럼 $f_0(E)$, $f_1(E)$, $f_2(E)$, $\cdots$, $f_n(E)$로 나열하는 수열을 생각할 수 있다. 메이슨-웰시 추측은 수열 $\{f_i(E)\}$가 로그-오목이라는 추측이다.

허준이 교수, 11가지 추측을 해결하다

이후 '강한 메이슨 추측'도 등장했는데, 이는 매트로이드의 독립 수열에 관해 묻는 문제이다. 미국의 수학자 해슬러 휘트니(Hassler Whitney)는 1935년 매트로이드라는 개념을 소개한다. 매트로이드는 행렬의 선형독립에 관한 성질을 추상화해 만든 수학적 대상이다. 유한 집합 S와 S의 부분 집합 매트로이드 M은 다음의 3가지 조건을 만족시킨다.

1. 공집합은 독립이다.
2. 독립한 부분 집합의 임의의 부분 집합은 독립이다.
3. 집합 X와 집합 Y가 독립한 부분 집합이고 X의 크기가 Y보다 작으면 Y-X에 속한 어떤 원소를 집합 X에 추가해도 집합 X는 여전히 독립이다.

이탈리아 출신 미국 수학자 잔 카를로 로타(Gian-Carlo Rota)가 1971년 리드의 추측과 호가의 추측, 메이슨-웰시의 추측을 일반화해 임의의 매트로이드(matroids) M에 대해 특성 다항식의 계수들이 로그-오목임을 보인다는 '로타의 추측'을 제기했다. 허 교수는 4년 뒤인 2018년 '로타의 추측'을 해결했다.

2020년 허 교수는 강한 메이슨의 추측과 '다울링-윌슨 추측'을 해결했다. 다울링-윌슨 추측은 1974년 수학자 토머스 다울링과 리처드

윌슨이 제시한 문제이다. d차원 공간에 있는 점 n개가 초평면 하나에 모두 포함되지 않는다면(가정: $2d \geq$ 직선 p일 때), 그 점으로 결정되는 $(p-1)$차원 공간의 수는 점 n개로 결정되는 $(d-p)$차원 공간의 수보다 클 수 없다는 추측이다.

또 2022년 허 교수는 임의의 그래프 G에 대해 $\chi_{M_G}(q-1)$의 계수들이 로그-오목인지를 묻는 '브리로스키 추측', 벡터들의 유한 집합 S에 대해 $\chi_{M_E}(q-1)$의 계수들이 로그-오목인지를 묻는 '도슨 콜번의 추측' 등을 해결했다.

허준이 교수 연구의 의의는 무엇일까?

필즈상 선정위원회가 말한 것처럼 허 교수는 대수기하학의 도구를 사용해 조합론의 여러 난제를 해결했다. 이는 두 수학 분야를 연결하는 이론적 틀을 만들어 수학의 새로운 영역을 발견했다고 볼 수 있다.

조합론 분야에서 그래프와 매트로이드는 '연결'과 '구조'에 밀접한

허준이 교수가 해결한 추측 11가지

추측 이름	제시된 연도	허 교수가 해결한 연도
리드의 추측(Read's conjecture)	1968년	2012년
메이슨-웰시의 추측(Mason-Welsh's conjecture)	1971년	2014년
호가의 추측(Hoggar's conjecture)	1974년	2014년
딤카-파파디마의 추측(Dimca-Papadima's conjecture)	2003년	2014년
로타의 추측(Rota's conjecture)	1971년	2018년
강한 메이슨의 추측(Strong Mason's conjecture)	1972년	2020년
다울링-윌슨의 추측(Dowling-Wilson's conjecture)	1974년	2020년
브리로스카의 추측(Brylawski's conjecture)	1982년	2022년
도슨-콜번의 추측(Dawson-Colbourn's conjecture)	1984년	2022년
오쿤코프의 추측(Okounkov's conjecture)	2003년	2022년
엘리아스-프라우드풋-웨이크필드의 추측(Elias-Proudfoot-Wakefield's conjecture)	2018년	2022년

관계가 있는 수학 개념으로 매우 중요하다. 응용 분야를 보면 정보통신, 반도체 설계, 교통, 물류, 기계학습, 통계물리처럼 현대 사회에서 중요한 분야들이다. 또 조합론 분야의 여러 난제를 해결함으로써 연구의 새로운 장을 열었다.

대수기하학의 관점에서도 대수 다양체를 거치지 않고 매트로이드로 대수 다양체의 고유 성질들을 확립한 것은 현대의 대수기하학의 토대가 더 확대될 수 있음을 뜻한다. 허 교수의 스승인 김영훈 서울대학교 수리과학부 교수는 허준이 교수의 업적을 화성에서 얼음을 발견한 것과 같다고 설명했다. 화성에서 얼음을 발견한 것은 생명체가 존재할 가능성을 의미한다. 다시 말해 화성을 조합론과 매트로이드로 보고, 얼음을 대수기하학적 구조로 봤을 때, 조합론을 포괄하는 대수기하학적 구조란 '생명체'가 존재할 수 있음을 확인한 셈이란 뜻이다.

허준이 교수 역시 자연에서 얻는 모든 로그−오목 수열의 뒤에는 반드시 로그−오목성을 설명하는 '호지 구조'가 존재한다고 믿는다고 말했다. 호지 구조는 대수기하학에서 대수 다양체들이 만족하는 가장 근본적인 성질 중 하나다. 정말로 로그 오목성이 여기저기서 연결되는 것을 보면 아직 우리가 모르지만, 전체를 아우르는 대수기하학의 비밀이

2020년 8월 4일
기초과학연구원(IBS)
이산수학그룹에서 연
세미나에서 강연하는 허준이
교수 ⓒIBS

숨어 있을지도 모른다.

다시 허 교수의 업적으로 돌아와서 앞으로 실생활에 어떻게 쓰일 수 있을지 알아보자. 김 교수는 한국경제와의 인터뷰를 통해 AI 기술의 비약적 발전이 가능할 것이라 설명했다. 기존에 AI 신경망을 설계할 땐 모든 노드를 사람이 직접 선을 그려 연결하거나 AI가 일일이 결괏값을 내놓고 그 결과를 확인한 뒤 다시 입력값을 조종하는 번거로운 방식이었다. 하지만 허 교수가 해결한 리드 추측 등의 성과를 활용하면 어떤 점을 연결하고 뺄지 수식으로 표현할 수 있어 효율적인 AI 학습이 가능해진다.

예를 들어 보자. AI가 고양이 사진을 인식할 수 있도록 하기 위해선 수많은 고양이 사진을 AI에 입력한다. 그리고 AI는 스스로 사진을 분석하며 고양이의 특성을 찾아낸다. 그 과정에서 여러 점끼리 연결망이 생긴다. 이 점과 연결망이 많아질수록 AI는 더 오래, 복잡한 연산을 진행한다. 이 과정을 계속해서 반복하면서 효율화하는 것이 AI 학습이라고 할 때, 이 안에서 고양이가 아님을 명확하게 알 수 있는 수식으로 점과 연결망을 끊어준다면 학습의 효율성이 크게 높아지기 때문이다.

'로그-오목'로 볼 수 있는 그의 철학

어려운 추측들 사이에서도 계속해서 눈에 띄는 단어가 있다. 바로 '로그-오목'이다. 수학을 잘 모르는 사람이 허 교수의 업적을 보더라도 '로그-오목의 성질을 갖는 수식이 왜 이렇게 많아?'라는 생각을 할 것이다. 조금 넓게 나아가 자연 속에서 증가하다 감소하는 이치가 수학 속에 존재하는 것이 아닌가 하는 생각까지 할 수 있다. 허 교수라면 충분히 그런 생각을 가지고 있을 법하다. 인문학적인 눈과 마음으로 수학을 바라보는 수학자이기 때문이다.

「수학동아」가 연 '허 교수와의 멘토링' 중 허 교수의 대답이 기억에 남는다. 수학이 왜 이과로 분류되어 있는지 잘 모르겠다는 답이었다.

"이과로 분류된 과목들은 실체가 존재하는 것들을 연구하는 것이다. 하지만 수학은 실체가 없는 것을 연구하는 학문이다. 철학이나 언어처럼 문과에 더 어울린다." 이어 수학은 우주를 이해하는 언어라 생각한다고 말했다. "우리 인류가 서로의 대화를 이해하고 소통하기 시작한 것은 '언어'라는 것이 보편화된 꽤 최근의 일이다. 몇천 년 전만 해도 글자나 말이 없어 서로 소통하지 못했다. 나는 수학이 우주를 이해하는 언어라고 생각한다. 이 언어가 보편화되는 데에는 꽤 오랜 시간이 걸리겠지만 언젠가는 수학이라는 언어로 모두가 우주를 설명하는 날이 오지 않을까?"

이런 그의 답변을 보면 그는 자연에서 얻는 로그−오목 수열 뒤에는 반드시 로그−오목을 설명하는 호지 구조가 존재한다고 믿는다는 답도 절로 이해가 된다. 그는 수학을 세상의 진리를 해석하는 도구로 보고 있기 때문이다. 앞으로도 그가 세상 속 숨겨졌던 규칙과 진리를 수학으로 설명하는 연구를 계속하지 않을까 기대된다.

수학자들은 '해결사(Solver)'와 '정리 제작자(Theorem Maker)'로 나뉜다. 허 교수는 훌륭한 '정리 제작자(Theorem Maker)'이기도 하다. '로그−오목'에 관한 여러 난제를 다양한 관점에서 정리한 뒤 해결했기 때문이다. 허 교수와의 멘토링 중 "수학자들 사이엔 해결사와 정리(定理) 제작자가 있다. 허 교수는 어떤 사람이라고 생각하느냐?"라는 질문이 나왔다. 당시 멘토링에는 허 교수의 오랜 지인인 김재훈 KAIST 수

◀서울대에서 필즈상 수상 기념 강연을 진행하는 허준이 교수. ⓒ서울대

▶서울대 강연을 마친 뒤 강연을 들은 학생들에게 둘러싸여 질의응답을 하는 허준이 교수 ⓒ서울대

리과학과 교수가 함께 했는데, 그는 허준이 교수를 이렇게 평했다. "허 교수는 '정리 제작자(Theorem Maker)' 쪽에 속한다. 조합론을 해결하는 대수기하학적인 방법을 만든 뒤 그 방법으로 여러 문제를 해결했기 때문이다. 문제를 잠긴 문이라고 보고, 푸는 방법을 그 문을 열 수 있는 열쇠라고 보면, 허 교수는 만능열쇠를 만들어낸 셈이다" 허 교수 역시 조합론에서는 '정리 제작자(Theorem Maker)'가 많은 편이라며 자신은 좋은 열쇠를 만들고 그 열쇠로 풀 수 있는 여러 문을 찾았다고 설명했다. 그러면서 그는 '정리 제작자(Theorem Maker)'와 '해결사(Solver)'는 함께할 때 그 의미가 더 빛난다고 설명했다.

필즈상은 앞으로가 더 기대되는 수학자에게 주는 상인만큼 허준이 교수가 앞으로 세상에 내보일 수학 연구는 더욱 무궁무진할 것으로 기대된다. 앞으로 허준이 교수가 어떤 연구로 세상을 놀라게 할지도 궁금하지만, 제2의 허준이, 더 솔직하게 한국 국적의 필즈상 수상자가 언제 나올 수 있을지 더욱 궁금해진다. 그러기 위해선 수학계에 대해 단발성으로 끓었다가 식어 버리는 관심이 아니라 지속적인 관심이 필요하다.

이번 필즈상 수상 과정을 취재하고 보도하면서 한국인 수학자 허준이의 수상에만 관심이 쏠리는 것을 보며 씁쓸함을 느꼈다. 필즈상이라는 엄청나고 위대한 국제적 상에 관한 결론으로 언론에서는 한국 수학계의 교육에 방점을 찍는 것 같았기 때문이다. 필즈상을 받은 사람들이 어떤 연구를 했는지, 그 연구가 왜 수학에서 중요한 것인지처럼 아주 기본적이고 단순한 것에 대해 질문하고 소개하는 글을 많이 보지 못했다. 이는 수학 자체에 대한 흥미가 적기 때문일 것이다. 아직은 수학을 입시를 위한 공부로만, 교육으로만 보기 때문일 거라고 조심스럽게 예측해 본다.

필즈상을 받은 해외 수상자들의 업적과 수학 내용에 대해서도 순수하게 궁금증이 생기는 순간. 그런 사람들이 많아지는 시기가 온다면 한국 수학은 한 단계 더 나아갔다고 볼 수 있을 것이다.

04

반도체

ISSUE 4 산업

한세희

지디넷 과학전문기자이다. 전자신문 기자와 동아사이언스 데일리뉴스팀장을 지냈다. 기술과 사람이 서로 영향을 미치며 변해 가는 모습을 항상 흥미진진하게 지켜보고 있다. 《어린이를 위한 디지털 용어사전》, 《과학이슈 11 시리즈(공저)》, 《플랫폼 경제 무엇이 문제일까》 등을 썼고, 《네트워크 전쟁》을 우리말로 옮겼다. 연세대 사학과와 연세대 국제학대학원을 졸업했다.

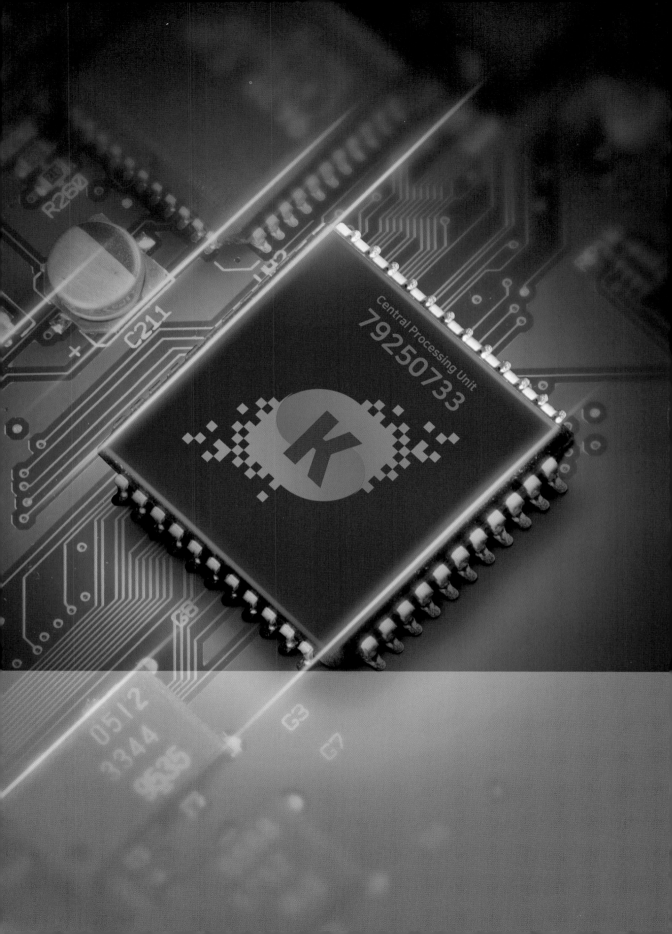

새 정부에서 왜 반도체를 강조할까?

삼성전자 평택캠퍼스 전경.
반도체 생산 공장이 있다.
2022년 5월 20일 조 바이든
미국 대통령이 방문하기도
했다. ⓒ삼성전자

2022년 5월 20일, 조 바이든 미국 대통령이 한국을 방문했다. 윤석열 대통령이 취임한 지 불과 열흘째 되는 날이다. 바이든 대통령이 한국에 도착하자마자 향한 곳은 뜻밖의 장소였다. 바로 경기도 평택에 있는 삼성전자의 반도체 생산 공장이었다.

과거 미국 대통령이 한국을 찾을 때는 청와대에서 우리나라 대통령과 회담을 하고, 국회를 방문하거나 휴전선 일대의 미군 부대를 시찰하는 것이 통상적인 일정이었다. 특히 휴전선 근처 군부대 시찰은 한국과 미국의 동맹에 대한 강한 메시지를 보여주는 이벤트였다. 군복을 입은 미국 대통령이 쌍안경을 들고 주변을 살펴보는 장면은 뉴스에 단골로 등장한다.

하지만 이번 방한에서 미국 대통령은 쌍안경이 아니라 반도체 웨이퍼를 들었다. 이는 이제 반도체가 군사적 관계 못지않게 한국과 미국 동맹의 핵심 요소라는 점을 보여준다. 반도체 기술 같은 산업 기술이 왜 한미 외교 관계의 주요한 이슈가 된 것일까?

삼성전자 평택캠퍼스의 반도체 생산라인. ©삼성전자

최근 몇 년 사이 과학기술은 외교와 안보의 중요한 결정 요소로 확실히 자리 잡았다. 세계는 반도체, 인공지능, 배터리 등에 관련된 첨단기술의 주도권을 놓고 미국 등 서방 진영과 중국 등 권위주의 국가 진영의 다툼이 치열해지고 있다. 특히 생활과 산업의 모든 영역이 디지털화되면서 컴퓨터와 전자기기 가동에 꼭 필요한 반도체의 중요성은 더욱 커졌다. 반도체는 인공지능, 빅데이터, 전기차, 5세대 통신, 인터넷, 슈퍼컴퓨터처럼 국가의 미래 경쟁력을 좌우할 핵심 기술(또는 제품)의 필수 요소다. 이들 대부분의 영역에서 중국은 이미 서방 세계의 역량을 뛰어넘었거나 거의 근접한 수준에 도달했다.

미국과 중국의 기술 패권 경쟁이 치열해지는 상황에서 아직까지 미국과 서방 세계가 우위를 가진 반도체 분야는 중국을 견제하기 위한 최고의 수단 중 하나이다. 메모리 반도체 분야에 세계적 경쟁력을 가진 한국은 현재 세계 반도체 시장의 중요한 한 축이다. 반면 중국은 한국이 자신들의 편이 되어 약점을 채워주고, 미국 중심의 세계 질서에 맞서는 중국 진영의 한 부분이 되길 원할 것이다.

반도체는 미래 산업과 경제에서 점점 중요성이 커지고 있을 뿐 아니라 국제 정치와 외교에서도 군사력만큼 중요한 국력의 구성 요소가 되었다. 우리나라는 반도체 분야 경쟁력을 가진 덕분에 이렇게 변화하는 국제 정세 속에서 입지를 높일 기회가 생겼다. 앞으로도 다른 나라가 갖지 못한 차별적 경쟁력을 유지하는 것은 향후 우리의 경제뿐 아니라 지정학적 갈등이 심해지는 국제 외교에서도 국가의 명운과 이익이 걸린 문제다. 우리나라가 반도체 육성 정책에 많은 신경을 쓰는 이유다.

세계 반도체 산업의 구조

PC 마더보드의
전자회로기판에 있는 칩셋.
중앙연산처리장치(CPU) 칩이
보인다. ⓒgettyimages

먼저 세계 반도체 산업의 구조를 간략히 알아 두는 것이 도움이 될 것이다. 반도체 산업은 대규모 시설 투자와 최첨단 연구개발 역량이 필요한 거대한 산업이다. 세계 반도체 시장은 기능과 역할에 따라, 또 지리적 위치에 따라 매우 정교한 분업 체제를 이루고 있다. 전 세계 모든 컴퓨터, 스마트폰, 전자 제품, 자동차 부품 등에 반도체가 쓰이지만, 반도체 시장에 참여하는 국가는 북미, 동아시아, 유럽 지역의 일부 국가에 불과하다.

반도체는 기능에 따라 무수히 많은 제품군으로 분류할 수 있다. 개인용 컴퓨터나 서버의 두뇌 역할을 하는 중앙연산처리장치(CPU), 스마트폰에서 같은 역할을 하는 애플리케이션 프로세서(AP), 컴퓨터나 휴대전화의 데이터를 저장하는 메모리 반도체, 게임을 좀 더 실감 나게 구현해 주는 그래픽처리장치(GPU) 등은 우리가 일상에서 흔히 접하는 반도체 제품들이다. 컴퓨터나 스마트 기기에 관심 있다면 CPU는 인텔이나 AMD, 메모리는 삼성전자와 SK하이닉스, GPU는 엔비디아처럼 떠오르는 대표 기업들이 있을 것이다.

이뿐만 아니다. 스마트폰 안에는 AP와 메모리뿐 아니라 무선 신호를 변조하거나 신호를 전달하는 모뎀칩 같은 통신 관련 반도체도 있다. 자동차 안에도 차량의 운행과 제어에 필요한 작업을 처리하고 이상 신호를 감지하는 반도체들이 수없이 많이 들어 있다. 자동차가 기계 장치가 아니라 전자 장치로 바뀐 지 이미 오래되었다. 웬만한 전자 제품에도 당연히 반도체가 들어 있다. TV에는 화면 픽셀의 구동을 조정해 영상을 구현하는 DDI라는 반도체가 있고, 카메라에는 빛을 화상으로 바꿔주는 이미지센서가 있다. 길거리 자동판매기나 단추를 누르면 목소리가 나오는 간단한 장난감에도 반도체는 들어 있다. 최첨단 제품에서 흔하고 값싼 전자 제품에 이르기까지 반도체는 빠지지 않는다. 물론 반도체의 성능도, 가격도 천차만별이다.

반도체 시장 참여자들은 생산 과정에서 어떤 역할을 하는지에 따라 분류할 수도 있다. 하나의 반도체 완제품이 있다고 생각해 보자. 뉴스나 영상에서 많이 보는, 황금빛 회로를 까만 플라스틱 같은 소재가 감싸고 있는 듯한 네모난 물건이다. 삼성전자나 인텔 같은 회사가 이 반도체를 만든다. 반도체를 만들려면 공장을 짓고 반도체를 만드는 장비를 설치해 가동해야 한다. 반도체 생산 라인의 공정에 맞춰 수많은 부품 소재, 화학 제품, 가스 등이 들어간다. 또 반도체를 만들기에 앞서 반도체 회로를 용도에 따라 설계하는 작업이 필요하다.

다시 말해 반도체 산업의 가치 사슬은 크게 설계와 디자인, 생산 장비, 부품 소재, 전공정 생산, 후공정 작업, 판매와 유통 등으로 나눌 수 있다. 우선 성능이 좋고 용도에 맞는 반도체를 기획해 설계할 수 있어야 하며, 복잡한 반도체 설계를 디자인하기 위해서는 이를 도와줄 정교하고 강력한 전용 소프트웨어가 필요하다. 또 새로운 반도체를 만들 때마다 처음부터 백지 상태에서 복잡한 구조를 설계해 나갈 필요가 없

반도체가 생산되어 소비자에게 전달되기까지의 과정. 설계와 디자인, 제조, 조립, 테스트, 유통 등을 거치게 된다. ⓒAMD

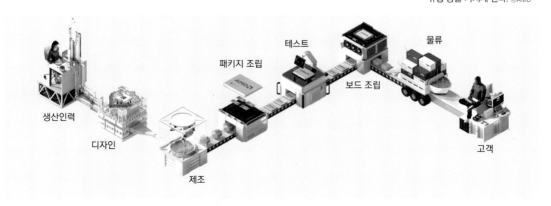

생산인력

디자인

제조

패키지 조립

테스트

보드 조립

물류

고객

도록 설계도의 밑바탕이 되는 기본 구조를 상품화해 판매하는 회사도 있다.

이런 설계도를 바탕으로 반도체 제조 라인에서는 반도체를 생산한다. 반도체 생산은 보통 웨이퍼 제조, 산화, 포토, 식각, 증착 및 이온주입, 금속 배선, 테스트, 패키징 등 8대 공정을 거쳐 이뤄진다. 이 공정은 웨이퍼에 회로를 새겨 반도체를 만드는 전공정과 이렇게 만들어진 제품을 테스트하고 보호 소재와 포장재를 입혀 실제 사용 가능한 상태로 만드는 후공정으로 나누기도 한다. 각각의 공정에는 이에 맞춰 특화된 장비와 재료와 소재가 필요하다.

반도체 기업 중에는 이 가치 사슬의 주요 부분을 직접 담당해 제품을 만드는 기업들이 있다. 설계와 제조를 모두 한다 해서 종합반도체기업(Integrated Device Manufacturer, IDM)이라고도 한다. 삼성전자나 SK하이닉스, 인텔, 텍사스인스트루먼트 같은 회사들이다. 초창기 반도체 기업들은 모두 설계와 제조를 함께 했지만, 반도체 산업 발달과 성능

종합반도체기업 중 하나인 인텔. 본사는 미국 캘리포니아주 산타클라라에 있다. ©wikipedia/Coolcaesar

향상으로 시설 투자에 대한 부담이 커지면서 IDM은 점차 줄어드는 추세다.

대신 반도체 설계만 전문으로 하는 기업, 그리고 이렇게 설계된 반도체에 대해 생산만 위탁받아 전문으로 제조하는 기업이 나왔다. 스마트폰에 들어가는 AP를 만드는 퀄컴, PC에 들어가는 CPU와 GPU를 만드는 AMD와 엔비디아 등은 모두 반도체를 설계만 하고 생산은 외부 전문 기업에 맡긴다. 애플 역시 아이폰과 아이패드에 들어가는 반도체를 설계한 뒤 생산은 전문 기업에 맡긴다. 이런 기업들은 반도체 생산 공장, 즉 '팹(fab)'이 없다 하여 '팹리스(fabless)' 기업이라 부른다.

반대로 반도체 제조 시설을 갖춰 두고 이들 팹리스 기업의 주문을 받아 대신 생산해주는 기업을 '파운드리(foundry)'라고 한다. 요즘 세계에서 가장 주목받는 반도체 기업 중 하나인 대만 TSMC가 대표적이다. TSMC는 파운드리 분야 1등 기업으로, 파운드리 사업 아이디어를 처음 실천에 옮긴 기업이기도 하다. 최근에는 삼성전자와 인텔처럼 자체 제품만 생산하던 대형 반도체 기업들도 파운드리 사업 비중을 높이고 있다. 팹리스와 파운드리의 등장은 앞선 기술과 혁신적 아이디어가 있으면 자금이 부족하고 대규모 생산 라인이 없어도 반도체 산업에 뛰어들 수 있게 해 줌으로써 반도체 산업의 혁신과 발전에 기여하고 있다.

그리고 이들 반도체 설계와 제조, 생산에 필요한 것들을 공급하는 기업들이 있다. 앞서 설명한 반도체 설계용 기본 밑그림을 공급하는 회사가 영국의 ARM이고, 회로 설계용 정교한 소프트웨어 도구를 만드는 회사로는 미국의 케이던스나 시높시스 등이 있다. 또 반도체의 주요 공정에 들어가는 장비를 만들어 공급하는 기업들이 있다. 미국 램리서치나 어플라이드 머티어리얼즈, 일본 도쿄일렉트론 등이 대표적이다. 회로 선폭 3nm(나노미터) 이하 반도체 제조에 필요한 극자외선(EUV) 노광 장비를 세계에서 유일하게 생산하는 네덜란드 ASML은 고객사들이 쩔쩔매는 '슈퍼을' 기업으로 통한다.

웨이퍼, 감광액, 식각재처럼 반도체 생산 공정에 들어가는 각종 첨단 재료 소재 분야 역시 반도체 산업의 중요한 축이다. 반도체 공정이 정교화될수록 그에 맞춰 이들 소재의 생산 난도도 올라간다. 반도체 분야 주요 부품 소재 기업들은 일본, 유럽, 한국 등에 몰려 있다. 이렇게 만들어진 반도체는 중국으로 가 다른 부품과 조립되어 우리가 쓰는 전자 제품이 나온다.

지금까지의 설명을 보며 혹시 눈치챘는가. 반도체 산업은 매우 거대한 글로벌 산업이지만 주요 참여 기업이 특정 지역 또는 특정 국가에 몰려 있고, 산업의 각 영역에서 활동하는 주요 기업도 몇 곳 안 된다는 점이다. 미국은 반도체 설계와 디자인, 설계 소프트웨어, 제조 장비 등의 분야에서 압도적 경쟁력을 갖고 있다. 한국과 대만은 최첨단 반도체 공정의 구축과 운영, 생산에 특화되어 있다. 일본과 유럽은 부품 소재와 장비에 강점을 갖고 있다. 이렇듯 미국, 동아시아, 유럽 일부 지역에 반도체 설계와 생산 역량이 집중되어 있다.

그리고 이들은 밀접하게 연결되어 서로 의존하고 있다. 만에 하나 전쟁이나 자연재해로 한국이나 대만에서 반도체 생산에 문제가 생기면 미국과 유럽에서는 반도체나 반도체가 들어간 제품을 구할 수 없게 된다. 미국의 반도체 원천 기술이나 일본의 첨단 소재가 없으면 삼성전자나 TSMC 라인은 멈춘다. 대만이나 일본의 지진 소식이 글로벌 반도체 산업의 주요 뉴스가 되는 이유다.

세계 반도체 시장에서 한국의 위상

이런 반도체 시장에서 대한민국은 당당히 중요한 한 자리를 차지하고 있다. 특히 우리나라는 D램과 낸드플래시 등 메모리 분야의 강자이다. 삼성전자와 SK하이닉스는 나란히 세계 메모리 반도체 시장 1, 2위를 차지하고 있다. 시장조사회사 옴디아(OMDIA)에 따르면, 2022년 2분기 기준 삼성전자는 세계 D램 시장의 43.4%를 점유해 세계 1위 자리를 지켰고, SK하이닉스는 28.1%로 2위였다. 세계 시장의 71.5%

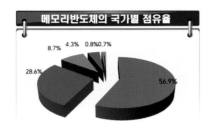

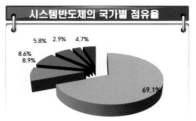

자료: 이 준 외(2021), OMDIA

ⒸOMDIA, 산업연구원

를 우리나라 기업이 차지하고 있는 셈이다. 다른 종류의 메모리 반도체인 낸드플래시 시장에서도 삼성전자와 SK하이닉스가 각각 33.3%와 20.4%로 1위와 2위를 차지했다. 역시 세계 시장의 절반 이상을 우리나라 2개 기업이 차지했다.

삼성전자는 2022년 2분기에만 203억 달러, 우리 돈 28조 5,000억 원에 달하는 반도체 부문 매출을 올리며 인텔, TSMC와 세계 1위 반도체 기업 자리를 다툰다. 대만 TSMC와 세계 최초 3나노 공정 도입을 놓고 경쟁을 벌이는 등 공정 기술에서도 최고 수준이다.

반도체 생산에 필요한 부품 소재와 장비 분야에서도 지속적 연구개발을 통해 기술 자급도를 꾸준히 끌어올리고 있다. 일본, 유럽, 미국이 가진 최첨단의 기술 수준에는 아직 못 미치지만, 국내에 삼성전자와 SK하이닉스 같은 대형 반도체 기업이 있다는 장점을 살려 계속해서 국산 비중을 높이고 있다.

문제는 CPU나 GPU 같은 시스템 반도체나 팹리스 부문은 약하고 메모리 반도체만 강하다는 점이다. 우리나라는 세계 메모리 반도체 시장의 절반 이상을 차지하고 있지만, 메모리 부문은 2021년 기준 5,950억 달러(약 731조 원)에 달하는 전체 반도체 시장의 4분의 1 정도인 27.9% 규모이다. 메모리 산업은 호황과 불황이 반복되는 사이클을 타는 산업이라 불안정성도 크다. 또 반도체 설계나 디자인, 이를 위한 소프트웨어 분야에서도 약세다.

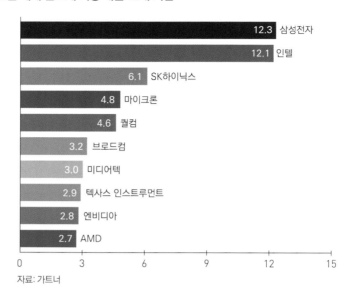

2021년 세계 반도체 시장 매출 10대 기업

기업	매출
삼성전자	12.3
인텔	12.1
SK하이닉스	6.1
마이크론	4.8
퀄컴	4.6
브로드컴	3.2
미디어텍	3.0
텍사스 인스트루먼트	2.9
엔비디아	2.8
AMD	2.7

자료: 가트너

우리나라는 메모리 반도체 분야의 경쟁력과 대량 생산 능력으로 세계 반도체 시장에서 중요한 한 축을 차지하고 있다. 삼성전자는 이 같은 장점을 바탕으로 대만 TSMC가 주도하는 파운드리 분야에도 진출했다. 삼성전자는 TSMC에 견줄 만한 첨단 공정 생산 능력을 갖춘 유일한 회사다. 다만 직접 반도체 제조 판매도 하기 때문에 파운드리 제작을 맡길 고객사와 경쟁사이기도 하다는 문제가 있다. 현재 삼성전자는 파운드리 시장의 절반 이상을 차지한 TSMC와 격차가 큰 2위이다.

코로나19, 공급망 대란, 반도체 수급 불안

2020년 발생해 3년 가까이 이어진 코로나19 팬데믹은 세계의 공장과 물류망도 멈춰 서게 했다. 공장 가동이 제한을 받으니 생산이 줄어들고, 물건이 생산되지 않고 나라 간, 지역 간 이동도 부자유스러워지니 물류도 줄었다. 쉴 새 없이 돌아가던 공장도 가동을 줄이고, 세계를 거미줄처럼 얽은 채 세계 각지로 수출과 수입 상품을 실어나르던 물류망도 힘을 잃었다. 이에 따라 세계를 연결하던 글로벌 공급망이 타격을 입었고, 세계 각국의 시민 생활과 기업 활동은 큰 타격을 입었다.

이후 코로나19 봉쇄가 풀리면서 그간 억눌렸던 수요가 폭발했으나, 팬데믹 때 위축된 생산 및 물류 시스템은 그렇게 빨리 회복되지 못했다. 여기에 러시아와 우크라이나 전쟁까지 겹치면서 글로벌 공급망의 병목은 이어지고 있다.

코로나19 팬데믹 기간 중 특히 수급이 불안했던 것이 바로 반도체이다. 코로나19 기간 사람들과 기업 활동은 제약을 받으면서, 사람들이 집에서 보내는 시간이 늘어났고 업무와 학업 등 많은 일이 비대면으로 이뤄졌다. 이에 따라 PC와 태블릿PC 같은 스마트 기기의 수요가 폭증했다. 이런 제품에는 하나 같이 반도체가 들어간다. 기업 입장에서도 코로나19 기간 중 인기가 폭증한 줌 같은 화상회의, 넷플릭스나 유튜브 같은 영상 서비스, 게임, 소셜미디어 등을 운영하기 위해서는 서버나 데이터센터 같은 대형 인프라가 필요하고, 여기에는 수많은 반도체가 들어간다.

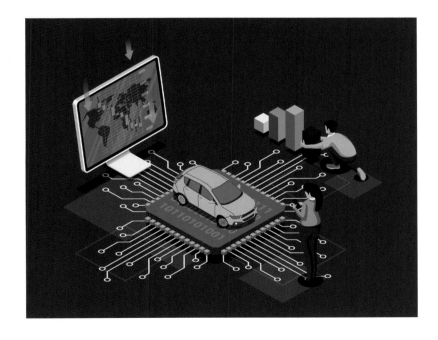

코로나19 팬데믹 기간 중 전 세계적으로 반도체 수급이 불안했는데, 특히 차량용 반도체 수급에 차질이 생겼다.
©gettyimages

이렇게 IT 기기와 서비스에 첨단 반도체들이 몰리면서 다른 분야도 연쇄적으로 반도체 공급난을 겪게 됐다. 대표적인 분야가 자동차 산업이다. 자동차에도 운행을 제어하는 장비나 인포테인먼트 시스템, 안전 관련 정보를 탐지하는 센서 등에 수많은 반도체가 들어간다. 그런데 반도체를 구하지 못해 자동차를 만들지 못하는 상황이 된 것이다. 미국 포드의 경우 반도체 수급 불안으로 2021년 자동차 생산량이 그 전해에 비해 125만 대 줄었다.

자동차 업계는 코로나19 팬데믹이 덮치면서 수요가 당분간 줄어들 것으로 예상하고 반도체 주문을 줄였다. 이 시기 컴퓨터나 스마트폰, 서버 등 IT 분야 반도체 수요는 늘었다. 반도체 제조사들은 가격도 높고 수요도 많은 이들 제품에 라인을 대거 할애했다. 이후 자동차 수요가 회복됐으나, 반도체 생산 라인은 이미 제조 일정이 꽉 찬 상태였다.

차량용 반도체는 인텔의 컴퓨터 CPU나 삼성전자의 고용량 메모리 반도체만큼의 첨단 제품은 아니다. 또 CPU나 메모리처럼 소수의 제품을 대량 생산해 글로벌 시장에서 경쟁하는 시장이 아니라, 다양한 품종의 제품을 조금씩 생산하는 방식이다. 성능이나 제조 난이도 등을 따져 보면 한 단계 낮은 수준이라 할 수 있다.

문제는 그럼에도 세계 대부분의 자동차 제조사가 코로나19 영향으로 반도체 수급에 차질을 빚었다는 점이다. 그리고 이는 미국과 유럽 등 주요 국가들이 자체적인 반도체 생산 역량을 어느 정도는 갖고 있어야 한다고 판단하는 계기가 되었다. 이들 국가에는 과거 반도체 생산 기업이 많이 있었지만, 지금은 상당수가 시장 환경 변화와 경쟁에 밀려 사라지거나, 생산을 외주한 경우가 많다. 지금까지는 설계와 생산, 장비와 부품 소재 공급처럼 산업의 각 가치사슬이 전문 분야별로 분리된 글로벌 분업 체계의 장점을 한껏 활용했지만, 코로나19 팬데믹이라는 사상 초유의 위기를 겪으면서 이 같은 기존 반도체 산업의 구조가 갖는 위험성을 새삼 인식하게 된 것이다. 현재 세계 반도체 생산 능력의 75%는 한국과 대만 등 동아시아 국가에 몰려 있다.

기술패권 경쟁과 지정학적 갈등

이런 고민을 더욱 깊게 한 것은 바로 거세어지는 국가 간 기술 패권 경쟁이다. 특히 중국의 부상이다. 과거 역사 속 국제 정치의 패권 경쟁은 군사력의 대결이었다. 누가 더 강한 군대와 무기를 가지고 영토를 넓히느냐가 관건이었다. 2차 세계대전 이후 미국과 소련을 중심으로 한 냉전 시기는 민주주의와 공산주의 간 체제 경쟁이 핵무기와 같은 전략적 무기의 힘을 업고 진행된 시기였다.

하지만 냉전 이후 현대 세계는 군사력 같은 '하드 파워'보다 문화나 과학기술 같은 '소프트 파워'의 중요성이 더 커졌다. 특히 디지털 기술의 비중이 더 커지고 있다. 인터넷과 통신 기술의 발달에 힘입어 세계는 점점 하나의 생활 무대로 통합되고 있다. 페이스북이나 인스타그램, 구글, 애플, 아마존 같은 플랫폼 기업은 자기 나라뿐 아니라 사실상 세계 거의 모든 나라에 강력한 영향을 미치고 있다. 이에 따라 이들의 제품과 서비스를 가능하게 하는 5세대(G) 통신과 인공지능, 빅데이터 등의 중요성은 계속 커지고 있다.

반도체가 중국을 견제하기 가장 좋은 대상으로 떠오르면서 반도체 분야에서 미국과 중국 사이에 패권 싸움이 벌어지고 있다. ⓒgettyimages

지금까지 이런 첨단 과학기술은 미국을 중심으로 유럽, 일본 등 선진국이 주도해 왔다. 하지만 지금 미국의 주도권에 맞서는 강력한 국가가 등장했다. 바로 중국이다. 중국은 한때 서구 국가의 주문에 따라 싼값에 물건을 만드는 세계의 공장 역할을 했지만, 이제는 그간 쌓은 기술력과 노하우를 방대한 인구와 영토와 결합해 새로운 경제 강자로 떠오르고 있다. 중국은 이미 5G와 통신 장비 분야에서 세계를 선도하고 있으며, 국제 표준 제정 작업에도 주도적으로 참여하고 있다. 14억 명에 이르는 세계 최대 인구와 광활한 영토를 통해 미국의 거대 플랫폼 기업에 맞먹는 기업들을 자국 안에서 키웠다. 개인 프라이버시에 대한 민주적 통제 없이 무제한으로 사용자 데이터를 수집할 수 있어 인공지능 연구에도 유리하고, 실제로 높은 수준의 인공지능 기술력을 이미 보유하고 있다.

민주주의와 자유시장, 인권이라는 가치를 공유하지 않는 중국이 세계 패권 국가 지위를 노리면서 전체주의적 가치를 자국뿐 아니라 외국에도 확대하려는 움직임은 세계 질서에 근본적 위기감을 불러일으키고 있다. 최근 수십 년간 공산주의 국가 중국을 세계 무역 체제에 끌어들이면서 좀 더 개방적이고 민주적인 국제 질서를 만들려던 국제적 노력은 사실상 실패했다는 분석까지 나오고 있다.

결국 미국은 중국이 글로벌 패권 국가의 자리에 오르는 것을 막기 위해 본격적인 견제에 나섰다. 전임 트럼프 대통령 때 화웨이나 ZTE 같은 중국 대표 IT 기업의 통신 장비를 쓰지 못하게 하고, 화웨이가 미국 기술이 들어간 반도체를 쓰지 못하도록 규제한 것이 대표적 사례다. 후임 바이든 대통령은 트럼프와 정적 관계이지만, 중국에 대한 정책은 같은 방향을 유지하고 있다. 주요 서구 국가들도 미국의 이 같은 행보에 동참하고 있다.

특히 서구 세계가 중국을 견제할 수 있는 가장 좋은 무기가 바로 반도체이다. 다른 주요 과학기술 분야와는 달리 아직 중국이 기존 강자들을 따라잡지 못한 대표적 분야이며, 동시에 현대의 모든 기술이 돌아가는 데 없어서는 안 될 기본 요소이기 때문이다. 중국 역시 이를 알고 해외 기업이 생산한 반도체를 들여와 다른 부품과 함께 조립해 완제품을 만드는 공장 역할을 넘어, 반도체 핵심 기술을 확보해 스스로 첨단 반도체를 생산하려는 노력을 지속해 왔다. 수조 원 규모의 반도체 지원 프로젝트가 여러 개 돌아가고 있으며, 시설 투자도 아끼지 않고 있다. 대만과 한국, 미국 등 반도체 선도 국가들의 인력도 몇 배의 연봉을 안겨주며 영입했다.

이에 따라 반도체 설계와 제조, 생산 장비와 부품 소재 등의 분야에서 적잖은 성과를 냈지만, 여전히 미국과 한국, 대만의 선도적 기업에 비하면 격차가 여전하다. 삼성전자나 TSMC가 7나노 공정에서 제품을 생산하고 3나노 공정을 상용화하기 위해 경쟁하는 반면, 중국의 가장 대표적 반도체 파운드리 기업인 SMIC는 14나노 공정에서 제품을 만드는 수준이다. 최근 7나노 공정 반도체 생산에 성공했다는 이야기도 나오고 있으나 진위는 확인되지 않고 있다. 디스플레이나 통신 장비 등 다른 분야에서 중국이 세계 시장을 재편하다시피 한 것에 비하면 유독 반도체 분야에선 약한 모습을 보이고 있다.

실제로 미국은 반도체 기술을 무기로 중국에 대한 공세를 강화하고 있다. 2022년 11월 미국 정부는 첨단 반도체 설계 소프트웨어나 제조 장비를 중국 기업에 수출하려면 미국 정부의 허가를 받도록 하는 규제안을 발표했다. 18나노 이하 D램, 128단 이상 낸드플래시, 14나노 이하 로직칩 등을 만들기 위한 장비와 소프트웨어는 중국에 수출할 수

◀ 2022년 6월 말 삼성전자는 세계 최초로 3나노(nm, 나노미터) 파운드리 공정 기반의 초도 양산을 시작했다고 밝혔다. 사진은 3나노 파운드리 양산에 참여한 주역들. ⓒ삼성전자

▶ 3나노 파운드리 양산에 들어간 삼성전자 화성캠퍼스. ⓒ삼성전자

없게 된다.

인공지능 관련 반도체도 중국 슈퍼컴퓨터 관련 기업에 수출할 수 없게 됐다. 엔비디아나 AMD의 GPU를 중국에 수출할 수 없다는 의미다. 이런 고성능 반도체가 중국의 군사 기술에 사용되는 것을 막기 위해서다. 또 미국 시민은 중국 주요 반도체 기업에 취업할 수 없게 했다. 현재 근무 중인 미국 시민은 직장과 국적 중 하나를 선택해야 한다.

미국이 아닌 외국 기업이라도 미국 기업의 기술이 들어간 장비나 소프트웨어로 만든 반도체를 중국에 수출하려면 미국의 허가를 받도록 했다. 세계 어떤 반도체 기업이라도 첨단 공정에서 반도체를 생산하려면 원천 기술을 가진 미국 기업의 장비와 소프트웨어가 반드시 필요하다. 사실상 중국의 반도체 산업을 고사시키겠다는 의도다.

정부, 반도체 육성에 미래 걸다

이런 상황에서 우리나라는 어떤 선택을 해야 할까? 중국은 우리나라의 가장 큰 시장이다. 2020년 우리나라 반도체 수출 중 중국이 41.1%를 차지했다. 우리나라는 중국과 지리적으로 매우 가깝고 정치·외교적으로도 중국 영향을 강하게 받을 수밖에 없는 상황이다. 반면 우리나라는 미국, 일본, 대만 등과 더불어 미국이 주도하는 기존 반도체 생태계의 주요 플레이어로서 확고한 입지를 갖고 있다. 기존 시장 구도가 바뀌었을 때 크게 유리할 일이 없다는 의미다. 미국의 반도체 원천 기술이 없으면 우리 반도체 산업의 경쟁력은 급격히 떨어질 수밖에 없다. 나아가 우리나라는 자유민주주의 국가로서 주요한 가치를 서구 세계와 공유하고 있다.

미국은 우리나라가 서구 진영에 함께 서서 중국에 대한 견제에 동참하기를 원한다. 반면 중국은 우리나라가 서구 진영에 서지 못하도록 직간접적인 압력을 가하고 있는 상황이다. 우리나라는 중국과의 관계에서 얻는 눈앞의 경제적 효과와 민주주의, 인권, 자유시장의 가치를 지키는 장기적 이득 사이에서 균형을 잡아야 한다.

이는 산업과 경제, 과학과 기술, 외교 등 여러 분야를 고려하며 세심하게 판단할 문제이다. 한 가지 확실한 것은 우리나라가 이러한 강대국들의 틈바구니에서 살아남기 위해서는 반도체 분야 역량을 더욱 키워야 한다는 점이다. 대체할 수 없는 핵심 기술을 확보하고 꼭 필요한 반도체를 새롭게 개발해 내거나, 낮은 가격에 안정적으로 공급할 수 있다면, 국제 무대에서 목소리를 더 높일 수 있다. 미국이나 중국 같은 초강대국을 상대로 당당히 우리의 이해관계를 주장할 수 있게 된다.

우리나라 정부가 요즘 반도체 기술 개발과 인재 양성 정책을 더욱 적극적으로 준비하는 것도 이 때문이다. 정부는 최근 향후 국가 안보에 중요한 12대 국가전략기술을 선정하며, 그중 하나로 반도체 · 디스플레

12대 국가전략기술과 반도체

혁신선도 전후방 파급효과 큰 우리경제 · 산업 버팀목 기술군
미래도전 급격한 성장과 국가안보 관점 핵심이익 좌우 기술군
필수기반 체제 전환에 따른 전기술 · 산업의 공통 핵심 · 필수기반 기술군

©과학기술정보통신부

이 기술을 포함시켰다. 다른 나라가 따라올 수 없는 초격차 기술을 개발하고 핵심 소재부품의 대외 의존도를 낮춘다는 목표다. 또 시스템 반도체 분야에서도 세계 시장점유율 10%를 노린다.

우리나라 주요 반도체 정책

반도체 분야에서 지속적으로 세계를 선도하기 위해서는 무엇보다 훌륭한 반도체 인재를 키우는 것이 중요하다. 새로 들어선 윤석열 정부가 반도체 지원 정책을 펴며 인재 양성에 초점을 맞추는 이유다.

우선 차세대 반도체로 중요성이 커지고 있는 인공지능(AI) 반도체 분야 인력 양성에 나선다. AI 반도체는 인공지능의 추론과 연산, 데이터 처리 등을 더욱 효율적으로 만드는 특화 반도체이다. 초대형 AI 모델이 등장하고, 각 산업에서 AI를 적용하는 사례가 늘어나면서 AI 반도체에 대한 관심이 커지고 있다.

인공지능 반도체 산업 성장 지원대책

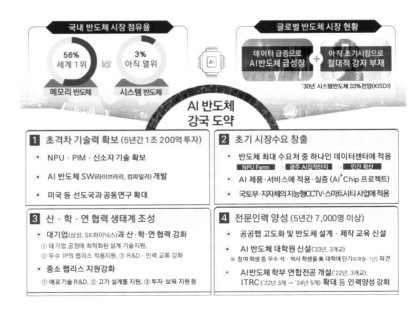

ⓒ과학기술정보통신부

정부는 2022년 6월 5년간 1조 200억 원을 투입해 AI 반도체 산업의 싹을 틔우고 전문인력을 7000명 키운다는 '인공지능 반도체 산업 성장 지원대책'을 발표했다. 인터넷 서비스를 위해 대형 컴퓨터 서버를 대규모로 모아 놓은 시설인 데이터센터에 국산 AI 반도체를 우선 보급하는 사업을 추진한다. 또 각종 AI 제품이나 서비스 개발에 국산 AI 반도체를 활용하고 성능을 검증하는 프로젝트도 추진하고, 지능형 CCTV나 스마트시티 같은 정부 부처나 지자체 공공사업에도 국산 AI 칩을 쓰도록 협의할 계획이다.

또 AI 반도체 인력의 교육 훈련에도 투자한다. AI 반도체 관련 다양한 대학 학과들이 공동으로 교육 과정을 운영하는 AI 반도체 연합전공을 3개 대학에 새로 개설한다. 대학과 연구소가 보유한 반도체 시험 생산 설비를 고도화하고 이를 활용해 반도체 설계와 제작 과정을 교육한다. 또 AI 반도체 대학원을 2023년부터 3개 대학에 신설해 연구 중심의 석·박사급 인재를 양성한다. 우수 학생은 해외 대학에 단기 파견하는 프로그램도 운영한다.

정부는 나아가 2022년 7월 향후 10년간 반도체 인력 15만 명을 육성한다는 계획도 밝혔다. 반도체 산업이 커지면서 관련 인력 수요가 10년 후엔 30만 명이 넘고 이렇게 되면 약 12만 7000명의 인력이 더 필요할 전망이다. 반도체 산업이 단지 경제뿐 아니라 국가 안보 차원에서도 중요한 의미를 갖게 됐는데, 정작 반도체 분야를 이끌 인력은 부족해지는 상황이다.

이에 따라 정부는 대규모 연구개발 과제에 대한 투자를 늘리고, 반도체 분야로 학생들이 진출할 수 있도록 다양한 융합 교육 과정을 지원한다. 반도체 특성화 대학원을 지정해 재정 지원을 늘리고, 반도체 이외 전공 분야 학생도 반도체 인재로 거듭날 수 있도록 단기 집중 교육 과정을 신설한다. 직업계 고등학교나 전문대에도 기업 수요 맞춤형 프로그램을 확충해 실무에 바로 투입할 수 있는 인재를 키운다. 기업이 주도해 반도체 관련 교육을 하는 반도체 아카데미도 설치한다.

반도체 산학협력 인력양성 인프라

　특히 반도체 인재를 육성하기 위해 그간 금기시되다시피 했던 수도권 대학 정원 확대까지 추진했다. 우리나라는 수도권 인구 집중을 막고 지방을 육성하고자 오랫동안 수도권 대학의 정원을 억제해 왔다. 하지만 이번에 반도체 산업을 육성하기 위해 반도체 같은 첨단 분야의 경우 교원 수만 적절하게 확보할 수 있다면 지역 구분 없이 학과를 신설하거나 증설할 수 있게 했다. 또 새로운 과를 만들지 않아도 학과 정원을 한시적으로 늘릴 수 있는 계약정원제 제도도 신설했다. 반도체 산업의 체질을 강화하겠다는 의지를 강하게 드러낸 것이다. 다만 수도권 대학 정원 확대 관련 정책은 야당의 반대로 현재로선 실현이 어려워 보인다.

반도체 산학협력 인력양성 인프라

ⓒ산업통상자원부

반도체 인력 수요 및 공급 추이

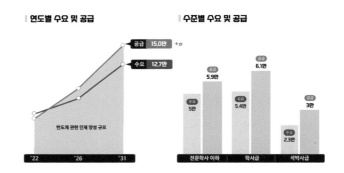

ⓒ정부 관계부처

그렇더라도 반도체 기술을 개발하고 관련 인재를 양성하기 위한 지원은 이어질 전망이다. 주요 반도체 기업과 대학이 협력해 반도체 분야를 중점적으로 교육하고 졸업 후 채용을 보장하는 반도체 계약학과도 늘어나는 추세다. 반도체 관련 소재 · 부품 · 장비 관련 계약학과도 10개 학교에 설치할 계획도 정부는 밝혔다.

새로운 미래 열어갈 반도체 기술

반도체는 우리나라 경제의 버팀목 역할을 오랫동안 해 오고 있다. 우리나라 전체 수출의 5분의 1 정도를 반도체가 차지한다. 우리나라가 세계 1등 반도체 기술 국가라고 할 수는 없지만, 메모리를 중심으로 세계 반도체 시장의 중요한 한 축을 차지하고 있다. 반도체의 중요성은 앞으로도 계속 커질 것이고, 이는 산업과 경제뿐 아니라 외교와 안보에도 점점 영향을 키워갈 것이다.

그런 점에서 우리나라가 반도체 분야에서 세계적 수준의 역량과 입지를 갖고 있다는 것은 다행스러운 일이다. 이에 안주하지 않고 인공지능 등 미래 기술에 필요한 차세대 반도체 기술을 앞서 개발해 선점하고, 다른 나라가 대체할 수 없는 기술과 제조 역량을 유지하는 것이 중요한 과제다. 이를 통해 우리나라가 급변하는 세계 질서 속에서 다른 나라에 휘둘리지 않고 한 단계 도약할 수 있는 계기를 마련할 수 있다.

지속적으로 성장 가능성이 있으며 미래 산업과 생활의 새로운 가능성을 만들어내는 기반이 될 수 있다는 점에서, 또 국가적으로도 꼭 역량을 키워야 할 분야라는 점에서 반도체 분야는 개인으로서도 공부하고 도전해볼 만한 분야라 할 수 있다.

05

기상이변

반기성

연세대에서 기상학을 전공했고 공군기상전대장, 한국기상학회 부회장을 역임했다. 조선대학원 대기과
학과 겸임교수(2014~2016), 연세대에서 대기과학과 강의(2005~2016)를 했다. 현재 민간기상기업인
케이웨더의 예보센터장, 기후산업연구소장으로 일하고 있다. 대통령 직속 국가기후환경회의 전문위원,
대한의협 미세먼지 특별위원, 민관협력 데이터포럼 운영위원으로 활동했으며 묵상 학술상과 과학언론
인 상을 받았다. 저서로는 《기후 위기 : 지구의 마지막 경고》 등 28권이 있다.

기상이변의 원인은 지구온난화인가?

지구온난화로 지구 종말이
빠르게 다가올까. ⓒgettyimages

"우리도 늙어서 죽고 싶어요."

우리나라 청소년 기후활동가의 피켓에 씌어 있던 말이다. 지구온난화로 인한 기후변화로 인해 늙기 전에 죽을지 모른다는 위기감을 표현한 말이다. 지구온난화로 지구 종말이 빠르게 다가오고 있다는 위기감, 개인의 노력으로는 지구온난화를 막을 수 없다는 무력감, 희망 없는 미래에 대한 분노와 슬픔 등이 복합적으로 작용한 말일 것이다. 청소년 기후활동가의 걱정처럼 지구온난화는 두려울 정도로 우리 곁으로 빨리 다가오고 있다.

세계적인 석학들도 지구온난화로 인한 기후변화의 심각성에 대해 경고하고 나섰다. 기후와 환경변화로 인한 문명의 성쇠에 탁월한 인식을 보여주는 재러드 다이아몬드는 2021년 7월 12일 한겨레신문과의 화상 인터뷰에서 다음과 같이 경고한 바 있다. "이제 우리의 문명은 30년 밖에 남지 않았다. 기후변화로 인해 점진적으로 모두 죽음을 맞이하게 될 것이다. 그 상황에 다다르기 훨씬 전부터 모두의 삶은 참혹히 무너진 다." 환경저널리스트인 마크 라이너스는 그의 책《최종 경고: 6도의 멸종》에서 금세기말에는 인류의 멸종이 현실화할 것이라고 주장한다. 이런 기후변화가 생기는 가장 큰 원인은 지구온난화 때문이다.

지구온난화는 현실이다

석학들의 예측처럼 이젠 지구온난화로 인한 기후변화가 현실로 다가오고 있다. 2021년과 2022년에 발생한 기상이변의 사례를 살펴보자. 지구온난화가 아니면 도저히 일어날 수 없는 폭염이 2021년 7월에 발생했다. 미국 서북부와 캐나다 서남부지역에 발생한 폭염은 상상을 초월했다. 이 지역은 서안해양성기후의 영향을 받기 때문에 7월 평균은 20~24℃ 정도의 온화한 기온을 보인다. 그런데 이때 캐나다 브리티시 컬럼비아주는 무려 49℃까지 올라갔다. 캐나다기상청에 따르면 1천 년

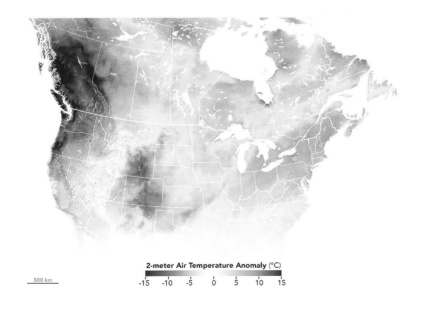

2-meter Air Temperature Anomaly (°C)

500 km

-15　-10　-5　　0　　5　　10　　15

2021년 7월 미국 서북부와 캐나다 서남부에 발생한 이상폭염 발생 때의 기온편차도. ⓒWMO

에 한 번 발생할 가능성이 있는 이상폭염이 발생하면서 1천여 명 이상의 사망자와 함께 해안생태계가 파괴됐다. 폭염은 가뭄을 불렀고 이어서 대형 산불을 가져왔으며 이로 인해 대홍수가 발생했다. 재난이 재난을 부르는 기후 위기의 전형적인 모습이 발생한 것이다. 2021년 7월 국제적인 연구기관인 세계기상귀인(World Weather Attribution, WWA)은 이 폭염이 인간이 만들어낸 지구온난화가 아니면 발생할 수 없다는 결론을 내렸다.

2021년 7월 14일과 15일 사이에는 대홍수가 서유럽을 강타했다. 세계기상기구(WMO)에 따르면 이 대홍수로 독일에서는 시간당 154mm의 역사상 가장 많은 호우가 쏟아지면서 최악의 인명피해와 재산 피해가 발생했다. 독일기상청은 1200년 만의 호우가 발생한 원인을 인류가 만든 지구온난화라고 밝혔다.

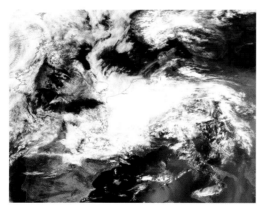

◀2021년 7월 14일 서유럽 대홍수 때 위성 사진. ⓒNASA

▶2021년 7월 15일 서유럽 대홍수 때 피해를 입은 독일 알테나흐르. ⓒwikipedia/Martin Seifert

서유럽의 홍수기록을 뒤엎은 곳이 중국의 정저우지역이다. 2021년 7월 BBC에 따르면, 이 지역에서는 한 시간에 201mm의 엄청난 폭우가 쏟아지면서 지하철 객실까지 물에 잠기는 참변이 발생했다. 중국기상청은 1000년에 한 번 발생할 대홍수에 대해 지구온난화가 아니면 도저히 발생할 수 없는 대홍수라고 발표했다.

2021년 8월에 슈퍼허리케인 아이다(Ida)가 미국에 상륙하면서 최악의 피해를 불러왔다. 2021년 9월 미국 국립해양대기청(NOAA)에 따르면, 2021년 전 지구 기후 재앙 중 최악의 재산피해액을 기록한 아이다는 북상하면서 미국 동부지역에 대홍수를 발생시켰다. 조 바이든 미국 대통령은 비상사태를 선포하면서 이젠 지구온난화로 인한 기후변화는 현실이라고 선언했다.

2022년에도 쉬지 않고 이상기상은 연속적으로 발생했다. 폭염과 큰 가뭄이 가장 심각했다. 4월에 인도와 파키스탄을 강타한 이상폭염은 5월부터 유럽과 미국에서도 발생하면서 엄청난 인명과 경제적 피해를 가져왔다. 이 지역에 발생한 폭염은 가뭄을 부르면서 연이어 대형 산불을 불렀다. 가장 큰 문제는 폭염과 가뭄으로 식량 생산이 줄어들면서 식량 가격이 폭등한 일이다.

2022년 여름철에 발생한 파키스탄의 대홍수도 지구온난화가 아니면 발생하기 어려운 재앙이었다. IMF의 구제금융을 받으면서 경제위기에 몰려 있던 파키스탄은 대홍수로 인해 1600명의 사망자와 56조 원의 재산 피해로 그로기상태에 빠져 버렸다.

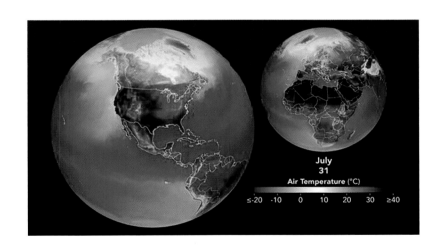

2022년 7월 전 세계 폭염으로
인한 기온분포도. ⓒNASA

2022년에도 슈퍼허리케인이 미국을 강타하면서 최악의 피해가 발생했다. 9월 29일에 미국 플로리다주 템파 인근에 상륙한 허리케

2022년 9월 28일
슈퍼허리케인 이안(Ian)의
위성영상. ©NASA

인 이안(Ian)은 최고 시속 155마일(약 250km) 강풍을 동반했다. 이 지역에 100년 만에 가장 강력한 태풍이 상륙하면서 플로리다주만 아니라 조지아주 남동부와 사우스캐롤라이나주 동부지역에도 엄청난 홍수가 발생했다. 블룸버그통신은 이안으로 인한 경제적 피해 규모를 약 96조 원 정도로 추산했다.

우리나라도 2022년 8월 8일 정체전선에서 쏟아져 내린 비가 서울의 관악구에 시간당 141mm의 호우를 쏟아부어 극심한 피해가 발생했다. 115년 만의 기록적인 호우에 대해 유희동 기상청장은 "기후변화가 아니면 이러한 호우는 발생하기 어렵다"라고 밝혔다. 세계기상기구(WMO)도 2022년에 전 세계적으로 발생하는 극심한 기후 재앙의 원인은 결국 지구온난화로 인한 기후변화인데 인류는 제대로 된 대책을 내놓지 못하고 있다고 경고했다.

2022년 8월 10일 서울 올림픽대교에서 바라본, 홍수로 인해 불어난 한강의 모습.
©wikipedia/YaMaDa

지구온난화가 이상기상을 만들어낸다

그렇다면 이렇게 심각한 이상기상이 발생하는 원인은 무엇일까? 바로 지구의 온도가 따뜻해지는 지구온난화 때문이다. 세계기상기구 사무총장인 페테리 타알라스는 2022년 2월에 진행 중이던 베이징동계올림픽을 지구온난화에 비유하며 다음과 같이 경고했다. "지금 베이징에서 동계올림픽이 열리고 있는데, 선수들에게 도핑 물질을 주면 짧은 시간에 더 큰 운동 효과를 나타낸다. 우리는 그동안 대기권에 이 같은 도핑 물질을 마구 쏟아냈다. 화석연료를 마구잡이로 사용하면서 경제성장이라는 성과는 얻었지만, 이 때문에 인류와 경제, 생태계에 치명적 결과를 초래했다. 지구는 점점 병들어가고 있으며 이젠 되돌릴 수 없을 지경까지 이르고 있다."

과거에도 지구온난화가 수많은 이상기상을 만들 것이라고 경고했던 과학자들이 있었다. 프랑스 수학자 장 밥티스트 푸리에(Jean-Baptiste J. Fourier)는 1822년에 지구 대기가 온실효과를 초래할 수 있다고 최초로 주장했다. 스웨덴의 물리화학자 스반테 아레니우스(Svante Arrhenius)도 화산폭발로 배출된 이산화탄소 때문에 지구 기온이 상승할 것이라고 200년 전에 예측했다. 그런데 이런 온실효과가 세계적으로 통일된 개념으로 사용된 것은 로마클럽(Club of Rome)에서 1972년에 내놓은 '인간, 자원, 환경 문제에 관한 미래 예측 보고서'에서이다. 이 보고서에서는 온실가스로 인한 지구온난화로 인해 인류는 큰 어려움에 직면하고 생존이 어려워질 것이라고 전망했다.

지구가 점점 더워지는 지구온난화는 대기 중에 온실가스가 있기 때문이다. 온실가스의 종류로는 7가지가 있는데, 이산화탄소(CO_2), 메탄(CH_4), 아산화질소(N_2O)가 3대 온실가스로서 온실효과에 미치는 영향이 가장 크고, 수소불화탄소(HFCs), 과불화탄소(PFCs), 육불화황(SF□), 삼불화질소(NF_3)도 온실가스이다. 이 중에서 이산화탄소의 영향이 74% 이상 차지하기에 지구온난화를 말할 때 이산화탄소가 얼마나

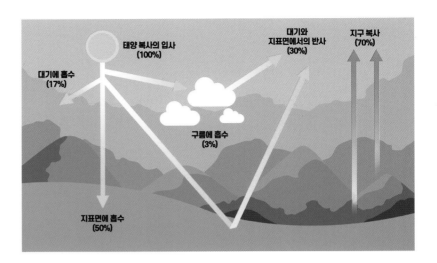

태양복사와 지표복사의 비율.
ⓒ케이웨더

배출됐는지에 대해 주로 말하게 된다. 그렇다면 최근에 와서 지구온난화 문제가 생겼을까? 그것은 아니다. 지구온난화는 지구의 태초부터 있었다. 그런데 최근에 와서 문제가 되는 것은 온실가스가 인간의 활동으로 급격히 증가하면서 지구온난화가 더욱 심각해졌기 때문이다.

지구온난화는 왜 발생하는가? 지구에 들어오는 태양의 가시광선 파장은 태양 표면의 온도 약 6000K에 대응한다. 반면에 지구에서 우주로 복사하는 적외선의 파장은 지구 표면의 온도 약 300K에 대응한다. 물체가 고온일수록 높은 에너지와 짧은 파장의 빛을 방출하는데, 태양 빛이 여기에 속한다. 그러나 지구 표면 온도는 낮기에 복사하는 광선의 에너지가 작고 파장도 길다. 이 차이가 지구온난화를 만든다.

구체적으로 살펴보면, 태양 빛이 지구로 들어오면서 약 30%가 대기와 지표면에서의 반사로 우주로 돌아가지만, 약 17%가 대기에 흡수되고 약 50%가 지표면에서 흡수되어 지표면을 데운다. 데워진 지표는 에너지를 우주로 돌려보내는 장파복사인 적외선 복사를 내놓는다. 그런데 장파복사는 대기 중 이산화탄소 같은 온실가스에 의해 흡수되어 약 70%만 우주로 나가고 30%는 지구 대기에 남게 된다. 따라서 대기 중에 온실가스가 많으면 많을수록 지구 대기에 남는 에너지가 더 늘어나게

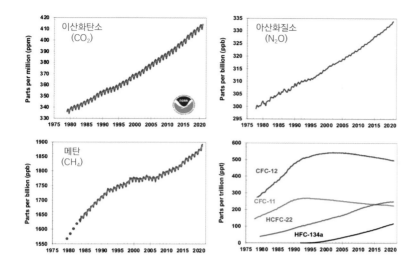

4가지 주요 온실가스의 평균
농도 변화 ©NOAA

되면서 더 심각한 지구온난화가 발생하는 것이다.

2021년 10월 미국 국립해양대기청(NOAA)은 4가지 주요 온실가스가 40년 동안 증가해 온 결과를 발표했다. 이에 따르면 이산화탄소, 메탄, 아산화질소, 수소불화탄소(HFC)는 지속해서 증가하고 있지만, 프레온가스(CFC11, CFC12)는 몬트리올협정 효과로 줄어들고 있음을 보여주고 있다.

온실가스 중 지구온난화에 가장 크게 이바지하는 물질이 이산화탄소로 최근 들어와 급속하게 증가하고 있다. 산업화가 시작될 때 280ppm이었고, 1958년 하와이 마우나로아산에서 처음 측정했을 때는 315ppm이었으며 1986년에 350ppm을 넘었다. 그리고 5년 후인 2013년에 400ppm을 넘었다. 최근 3년간 마우나로아의 5월 평균값을 보면 2020년 5월에 417.1ppm, 2021년 5월에 419.1ppm, 2022년에 420.99ppm으로 매년 큰 값으로 상승하고 있다.

미국 국립해양대기청이 80만 년 동안의 이산화탄소 농도 변화 그래프를 공개한 적이 있다. 이 그래프를 보면 80만 년 동안 이산화탄소 농도가 가장 높았던 때가 300ppm 정도였고, 이산화탄소 농도는 높았다가 다시 낮아졌다가 하면서 일정한 모습으로 변해온 것을 알 수 있다. 그런데 산업혁명 이후 급속하게 이산화탄소 농도가 치솟으면서 420ppm을 넘어섰다. 비정상적으로 이산화탄소 농도가 높아지면서 지구온난화 속도는 더욱더 빨라지고 있다는 말이다.

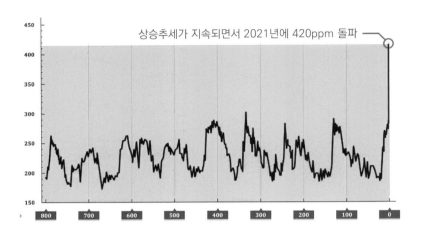

80만 년 동안의 이산화탄소 농도변화 추적도. ©NOAA

기후가 변해 온 것을 어떻게 알 수 있을까?

앞에서 80만 년 동안의 이산화탄소 농도를 살펴봤는데, 어떻게 이렇게 오래된 옛날의 기후요소들을 알 수 있는 것일까? 가장 많이 이용하는 방법이 빙하의 샘플을 이용하는 방법이다. 영화 '투모로우'의 첫 장면이 극 빙하의 샘플을 채취하는 장면이다. 빙하는 기후학자들에게 엄청난 정보를 알려준다. 남극이나 그린란드 내륙에는 1년 내내 기온이 영하에 머문다. 그렇기에 내린 눈이 녹지 않고 계속 쌓여 수천 m 두께의 빙하가 형성되어 있다. 빙하가 만들어질 때 눈 틈새 사이로 그 당시의 공기가 스며든다. 그 위로 더 많은 눈이 쌓이면 압축되어 얼음으로 변한다. 스며들었던 공기는 공기 방울의 형태로 빙하 안에 갇힌다. 이런 방식으로 수만 년이나 수십만 년을 빙하에 갇혀 있던 공기 방울은 귀중한 화석자료가 된다. 빙하에 갇혀 있던 공기 방울을 통해 지구 대기의 조성(이산화탄소 농도, 메탄 농도 등)을 알아낼 수 있다. 또 당시의 기온

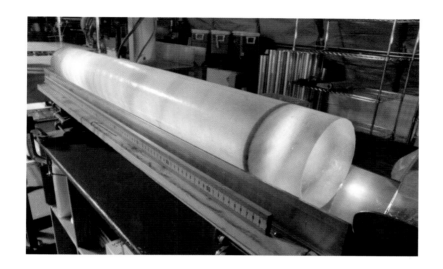

2010년 남극 서부 빙상에서
채취한 빙하코어의 모습. ⓒ미국
국립과학재단

을 알아내기 위해 산소 동위원소 방법을 사용한다. 아울러 얼음 코어에
포함된 황산의 수치로 언제 강력한 화산이나 혜성 폭발이 언제 있었는
지를 유추할 수 있다.

　가장 대표적인 빙하연구 프로젝트는 2004년 유럽 남극빙심 시추
프로젝트다. 이 프로젝트에서 시추된 빙하는 3270m 깊이에 있던 얼음
층인데, 그 나이는 약 80만 년으로 추정된다. 기후학자들은 이 빙하를
분석함으로써 오늘날로부터 가장 가까운 시기에 있었던 여덟 차례의 대
빙하기 주기를 파악할 수 있었다.

　두 번째로 빙하의 샘플보다 더 오랜 기후를 분석하는 도구가 퇴적
물 분석이 있다. 고식물학과 고동물학의 힘을 빌리면 동식물의 퇴적층
을 구별할 수 있는데, 화석 연구와 심해시추 기술의 발달도 퇴적물 분석
에 힘을 실어 주었다. 심해시추 기술은 지각의 형성, 물의 성질, 생물 종
처럼 매 시기의 기후에 관련된 정보를 얻을 수 있다. 이 외에도 지금으
로부터 4~10만 년 전까지의 기후변동을 파악하기 위해 적용되는 수단
들은 많다. 예컨대 퇴적층의 나이를 추정할 수 있는 점토층 분석, 퇴적
된 식물의 꽃가루를 분석해 습지 퇴적층의 나이를 유추하는 화분학, 빙
퇴석의 나이를 측정하는 지의류 분석 등은 연대 측정에 유용하게 사용

되는 방법이다.

　　세 번째로 방사능 측정법을 이용하는 방법이 있다. 자연계에 존재하는 많은 원소는 불안정한 원자핵을 갖고 있다. 원자핵이 붕괴하는 과정에서 방사능이 방출된다. 이때 질량분석계로 모 원소와 딸 원소의 비율을 측정한다. 그런 후 해당 원소의 반감기를 적용하면 퇴적층의 지질연대를 파악할 수 있다. 암석과 미네랄의 지구화학적인 특성과 용융점에 대한 지식 또한 필수적이다. 암석과 미네랄을 구성하는 원소들의 반감기를 이용해 암석의 나이와 응고 시기를 측정할 수 있다. 이로써 해당시기의 기후에 대한 추정이 가능해지는 것이다. 1940년대 후반 미국의물리학자 월러드 리비(W. F. Libby)가 개발했던 방사성탄소연대측정법은 기후 역사의 한 획을 긋는 위대한 발견이었다.

　　네 번째로 지구 복사량을 이용한 방법이 있다. 1941년에 세르비아의 천문학자 밀란코비치(Milankovic)가 과거 100만 년 전까지 지구에도달하는 태양 복사량을 밝혀냈다. 밀란코비치는 여름 동안 태양 복사에너지가 줄어든 기간을 알아냈고, 60만 년에 걸쳐 유럽 대륙 전역에서

지구 복사량을 이용해
기후변화를 밝혀낸 밀루틴
밀란코비치와 그의 이론을 담은
책자의 표지. ©Milutin Milanković
Society Belgrade

일어났다고 알려진 네 번의 빙하기 사이에 단순한 관계가 존재한다는 것을 발견했다. 지구 복사량에 영향을 주는 것 중에는 지구 궤도의 형태인 이심률, 지축의 기울기인 경사도의 변화, 춘분점 이동과 연관된 근일점 경도의 변화가 있다. 현재는 더 정교한 기후이론이 발견되고 있지만 밀란코비치의 발견은 기후 역사 연구에 엄청난 기여를 했다.

그리고 이 밖에 비교적 짧은 기간의 기후변화를 알아낼 수 있는 지표로는 나무의 나이테 이용법, 기록되어 있는 역사 자료를 활용하는 방법도 있다.

지구온난화를 부정하는 사람들

대기 중의 온실가스 변화와 지구 기온과의 상관관계를 연구하는 학자들은 인류가 온실가스를 무분별하게 내뿜기 시작하기 전까지는 온실가스 농도의 변화가 자연현상과 일치하면서 변화해 왔다고 본다. 그러나 최근 발생하고 있는 이상기상들은 인류가 배출한 온실가스로 인한 지구온난화 때문이라고 주장한다. 그러나 일부 과학자들은 이 주장을 반박한다.

도널드 트럼프 전 미국 대통령은 지구온난화가 가짜라고 말한 대표적인 사람이다. "지구온난화는 중국이 미국의 경쟁력을 약화하기 위해 벌이는 사기극이다." 그는 미국의 재계를 옹호하는 백인답게 지구온난화 회의론자에 속한다. 따라서 당선되자마자 미국 행정부의 주요 요직인 환경보호청장, 에너지부 장관, 백악관 에너지 수석을 지구온난화 회의론자로 채웠다.

이들이 지구온난화를 부정하는 근거로 내세우는 과학자들의 논리를 살펴보자. '기후변화 종착역은 호모 사피엔스의 눈물'은 2018년 9월 21일 자 '시사인'의 기사 제목이다. 기사에서는 지구온난화로 인한 기후변화를 부정하는 과학자들 이야기가 실렸다. 내용이 너무 좋아 중간 부분을 그대로 소개해 보겠다.

인간이 지구온난화를 일으킨다는 '사실'은 오랫동안 아주 강력하게 부정되었다. 일부 과학자들은 기후변화에 지속해서 문제를 제기했다. 펜실베이니아 주립대학 대기과학과 교수 마이클 만과 워싱턴포스트의 시사만평가 톰 톨스가 함께 쓴 《누가 왜 기후변화를 부정하는가》, 하버드 대학 과학사 교수인 나오미 오레스케스 등이 쓴 《의혹을 팝니다》에 이런 과학자들의 면면이 자세히 소개됐다. 기후변화 부정론자들의 반격은 지구온난화를 방지하기 위한 교토의정서가 채택된 1990년대부터 본격화했다. 먼저 깃발을 든 이는 프레드릭 사이츠라는 물리학자다. 그는 미국 최고의 과학기관으로 평가받는 국립과학원장을 지낸 인물이다. 사이츠는 국립과학원이 지구온난화를 부정하는 자신의 논문을 받아들인 것처럼 행동했다. 하지만 소식을 접한 국립과학원이 그의 주장을 정면 반박했다. 버지니아 대학 환경과학과 교수를 지낸 프레드 싱어는 로저 르벨이라는 동료 과학자를 팔아먹었다. 르벨은 화석연료가 온실가스 농도를 높인다는 연구를 발표하는 등 기후과학에 핵심 근거를 제공한 학자다. 학창 시절 앨 고어에게 환경운동의 영감을 준 인물이기도 하다. 르벨이 말년에 병마와 싸우는 틈을 타 싱어는 기후변화를 부정하는 논문의 공저자로 그의 이름을 올린다. 물론 르벨 자신은 알지 못했다. 뒤를 이어 수많은 지구온난화 부정론자들이 나타났다.

지구온난화를 믿지 않는 사람들은 크게 둘로 나눌 수 있는데, 하나는 지구온난화 자체가 허구라고 주장하고, 다른 하나는 지구온난화 자체는 인정하지만 아직 과학적 증거가 부족하거나 위험성이 과장되어 있다고 말하는 사람들이다. 첫 번째 입장을 가진 대표적인 사람은 전 미국 대통령인 도널드 트럼프, 노벨상 수상자인 물리학자 이바르 예베르(Ivar Giaever), 대기 물리학자 프레드 싱어(Fred Singer) 등이 있다. 프레드 싱어는 2003년에 파이낸셜 타임스에 '지구온난화는 허구'라는 주장을 하면서 논란을 불러일으켰다. 그는 오존층 파괴, 산성비 등의 분야에서 주목할 만한 연구 성과를 냈을 뿐만 아니라 오랫동안 미국 정부에 환경 정책을 자문해 온 저명한 인물이었기 때문에 그의 주장으로 인한 파장이 매우 컸다. 그리고 일반 대중에게 지구온난화가 충격으로 다가온 것은 영국의 공영방송 BBC가 2007년 내놓은 다큐멘터리 '위대한 지구온난화 대사기극'이었다. 전문가 인터뷰와 강렬한 인포그래픽을 바탕으로 반지구온난화 논지를 전개했다. 이들은 다큐에서 "지구온난화는 사기극"이라며 "기후학자들은 정부로부터 연구비를 타내려고 인류의 화석연료 사용이 기후에 미치는 영향을 과장해왔다"라고 주장했다. 그러나 이 방송에 사용된 자료들이 후에 대부분 날조되었다는 사실이 드러났다.

지구온난화는 인정하지만 아직은 과학적 증거가 부족하며 위험성이 과장되고 있다고 주장하는 사람들은 프린스턴 대학교의 물리학자 프리맨 다이슨(Freeman Dyson), 덴마크의 통계학자 비외른 롬보르(Bjørn Lomborg) 등이 있다. 비외른 롬보르는 그의 책 《회의적 환경주의자(The Skeptical Environmentalist)》에서 지구온난화 자체를 부정하지는 않았지만, 지구온난화 연구 방법에 문제가 있으며 세계 곳곳에서 추진되고 있는 급진적인 정책이 지나치게 높은 비용을 요구한다고 주장했다. 그러나 이들의 반지구온난화 입장은 다른 과학자들에 의해 부정되기 시작했다. 대표적인 것이 2014년 과학사 교수인 나오미 오레스케스와 에릭 콘웨이가 쓴 책 《의혹을 팝니다》이다. 이들은 이 책에서 지구온난화 회의론을 주도한 프레드 싱어와 프레데릭 사이츠를 비롯한 과학자들이 이전에 기업, 공화당과 결탁하여 담배 무해론, 프레온 무해론, 산성비 회의론 등을 주장했고, 거짓임이 들통나자 입을 싹 씻었던 사실을 폭로했다.

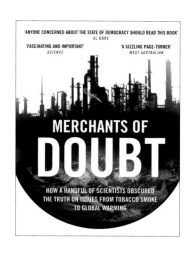

나오미 오레스케스가 쓴 책
《의혹을 팝니다》 표지.

지구온난화는 인간이 만든 현상이다

과학자들은 인간이 무분별하게 대기 중에 배출한 온실가스로 인해 지구온난화가 발생하고 기후변화가 심각하게 진행되고 있다고 주장한다. 그렇다면 정말로 지구온난화는 인간이 만들어낸 현상일까?

첫째, 지구온난화는 진실이며 지구에 닥칠 비극이라고 주장한 학자가 있다. '인류세'라는 용어를 처음으로 만들어낸 사람이며 노벨화학상을 수상한 파울 크루첸(Paul J. Crutzen) 교수다. 그는 2000년에 발표한 에세이에서 "1700년대 후반 산업혁명이 시작된 이후의 지질학적 시대를 '인류세'로 부르자"라고 제안했다. 인간이 온실가스를 엄청나게 대기 중으로 뿜어내어 지구의 대기 조성에 미친 영향이 '너무나 뚜렷'하다는 뜻이다. 2006년에 그는 "온실가스 배출을 줄이려는 이제까지의 노

인류세를 주장했던 파울 크레첸.
©wikipedia/Teemu Rajala

력이 거둔 성과가 너무 미미하다"며 "따라서 지구온난화가 통제 불능한 상황으로 치달을 때를 대비해야 한다"고 주장하기도 했다. 과감한 위기 대응 계획의 출구 전략을 검토해야 하는 단계에 이르렀다는 의견이다.

둘째, 지구온난화가 인류로 인한 위기라고 주장하는 사람이 포츠담 기후영향 분석연구소의 가노폴스키(A. Ganopolski) 박사이다. 2016년 1월 14일 자 「네이처」의 인터넷판에 논문을 실었는데, 제목은 '과거·미래의 빙기 도래를 가능케 하는 태양 입사량−이산화탄소의 임계점'이다. 주요 내용을 보자. "현재 북반구 고위도에서 여름철 태양 복사에너지 입사량이 거의 최저 수준이다. 이러면 빙하기로 가야 하는데, 아직 빙하기로 들어가는 조짐조차 보이지 않고 있다. 산업혁명 직전까지 이미 온실가스 농도가 상당 수준 높아져 있었기 때문에 이런 현상이 발생한 것이다. 따라서 산업혁명 이후의 온실가스 배출이 없었더라도 지구의 다음 빙하기는 5만 년 뒤에나 찾아오게 돼 있었다. 산업혁명 이후 온실가스 배출이 더 늘어나면서 앞으로 10만 년은 빙하기가 도래하지 않을 것이다." 가노폴스키 박사는 인류가 산업혁명 이후 화석연료를 태우면서 배출한 이산화탄소의 누적량이 '탄소 중량 기준'으로 5000억 톤, 1조 톤, 1조 5000억 톤에 달했을 경우의 세 가지 시나리오를 상정했다. 산업혁명 이후 지금까지 인류가 배출한 이산화탄소의 양은 탄소 중량 기준으로 5450억 톤이다. 따라서 5000억 톤 시나리오는 인류가 지금부터는 더 이상 화석연료를 사용하지 않는 상황이다. 1조 톤과 1조 5000억 톤 시나리오는 얼마만큼 절제하느냐에 따라 가능성이 큰 시나리오이다. 산업혁명 후 배출된 5450억 톤 중 2400억 톤이 공기 중에 남았다. 이에 따라 이산화탄소 농도가 280ppm에서 400ppm으로 상승했다. 만약 1조 톤이 배출되는 경우 대기 중 이산화탄소 농도는 대략 500ppm대 초반, 1조 5000억 톤이 배출되면 600ppm 언저리가 될 것으로 추정했다. 이 정도의 이산화탄소가 배출되면 극심한 지구온난화로 인해 지구 대멸종까지도 걱정해야 한다고 가노폴스키 박사는 주장한다.

셋째, 기후변화에 관한 정부 간 협의체(IPCC)는 2021년 8월에 6

차 평가보고서 실무그룹 I 최종보고서를 발표했는데, 지구온난화가 인류로 인해 발생했다는 내용이 실렸다. 5차 보고서와의 가장 큰 차이는 지구온난화에 대한 인류의 영향 정도의 차이였다. 2013년 제5차 평가보고서 실무그룹 I 보고서에서 "기후시스템에 대한 인간의 영향은 확실하다(clear)"라고 선언했는데, 8년이 지난 2021년에 발표한 제6차 보고서 요약본에서 "인간의 영향으로 대기와 해양, 육지가 온난화한 것은 자명하다(unequivocal)"라고 밝혔다. 자명하다는 말은 인간이 배출한 온실가스에 의한 지구온난화가 과학적 사실이라는 점을 더욱더 강하게 강조한 말이다. 평가 결과 99~100% 가

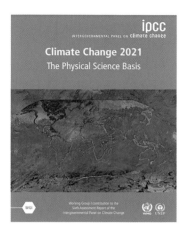

IPCC 6차 보고서 중 그룹 I 보고서의 표지. ⓒIPCC

능성이 있으면 '사실상 확실', 95~100%면 '대단히 가능성 높음', 90~100%면 '매우 가능성 높음' 식으로 단서를 달고 있다. 그런데 6차 보고서는 "최근 10년 동안 관측된 일부 고온 현상은 인간 영향 없이는 발생하기 어렵다"라고 밝히면서 '대단히 가능성 높음'이란 단서가 붙었다. 즉 최근의 폭염 같은 기후 재앙은 인간이 만든 가능성이 95-100%라는 뜻이다.

IPCC는 지난 170년 동안 전 지구 지표면 온도의 변화추이를 발표했다. 그래프를 보면 검은색 실선은 인간의 영향이 없었던 시기(1850~1900년)부터 현재까지 실제로 관측된 연평균 지표면 온도를 가리킨다. 엷게 그려진 갈색 실선은 인간에 의한 요인과 자연적 요인을 합쳤을 때의 연평균 지표 온도 변화 추이 선이고, 아래쪽의 녹색 실선은 자연적 요인만 있었을 경우를 가정한 연평균 지표 온도 변화 추이 선이다. 이 그래프를 보면 인간이 배출한 이산화탄소 등의 온실가스로 인해 지구온난화가 매우 심각해지는 것을 알 수 있다.

넷째, 몇 년 전만 해도 지구온난화가 인간이 만들었다는 것에 반대하는 학자들도 있었지만, 이제는 과학자들의 99.9%가 인간 때문이라는 것을 믿는다. 미국 코넬대 연구팀이 세계 주요 학술지에 발표된 기후 관련 논문 9만여 편을 분석해 2021년 10월 「환경 연구 레터

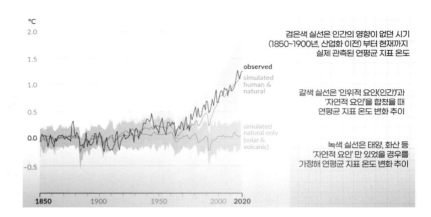

°C
2.0

1.5

1.0

0.5

0.0

-0.5

observed
simulated
human &
natural

simulated
natural only
(solar &
volcanic)

검은색 실선은 인간의 영향이 없던 시기
(1850~1900년, 산업화 이전) 부터 현재까지
실제 관측된 연평균 지표 온도

갈색 실선은 '인위적 요인(인간)'과
'자연적 요인'을 합쳤을 때
연평균 지표 온도 변화 추이

녹색 실선은 태양, 화산 등
'자연적 요인' 만 있었을 경우를
가정해 연평균 지표 온도 변화 추이

1850   1900   1950   2000 2020

과거 170년 동안 전 지구
지표면 온도의 변화추이. ©IPCC

(Environmental Research Letters)」에 발표했다. 분석 결과 9만여 편의 논문 중에서 지구온난화의 원인을 인류 활동이 아니라 자연현상으로 보는 논문은 군소 학술지에 발표된 28편뿐이었다. 전 세계의 기후변화연구 과학자 중에서 자기 이름으로 논문을 게재하는 사람 중 지구온난화가 인간으로 인한 것이라고 주장하는 과학자가 전체의 99.997%나 된 것이다. 연구팀은 이젠 과학계에서 인간이 지구온난화를 초래한다는 것을 의심하는 사람은 아무도 없다며 기후변화 원인 논란은 사실상 종결됐다고 말하고 있다. 그동안 지구온난화나 기후변화가 인간이 만들지 않았다고 주장했던 논란들은 사라지고 지구온난화로 인한 심각한 기후변화는 인간이 만들어낸 재앙이라는 것을 과학자들은 믿고 있다는 뜻이다.

지구온난화를 막기 위한 탄소중립

사람들은 지구온난화를 막기 위해 돈을 쓰기보다는 건강이나 복지에 더 많은 투자를 해야 한다고 말한다. 그러나 우리가 탄소중립을 이루지 못해 지구온난화가 계속 증폭된다면 우리의 삶 동안에 못 볼 꼴 보는 재난이 줄을 이을 것이다. 당연히 우리 아이들이 사는 세상에는 이상기상은 매일 매일 만나는 일상이 될 것이다. 빌 게이츠는 2022년 발간

한 자신의 책 《기후 재앙을 피하는 법》에서 다음과 같이 말한다. "지구온난화가 인류에 대한 실존적 위협이 아니라 해도 대부분 사람은 기후 변화로 인해 더 어려운 삶을 살게 될 것이며, 특히 세계에서 가장 가난한 사람들이 더욱 가난해질 것이다. 우리가 더 이상 온실가스를 대기에 배출하지 않을 때까지 상황은 악화하기 때문에 지구온난화는 보건과 교육만큼 관심을 받아야 한다."

빌 게이츠가 말하는 '더 이상 온실가스를 대기 중에 배출하지 않는 상황'이 바로 탄소중립이다. 탄소중립(炭素中立, carbon neutrality)은 인간의 활동에 의한 온실가스 배출을 최대한 줄이고, 남은 온실가스는 산림 등으로 흡수하거나 제거 및 활용(CCUS)을 통해서 실질적인 배출량을 0(Zero)으로 만든다는 개념이다. 즉 획기적으로 배출량을 먼저 줄여야 하고, 그래도 남는 탄소는 흡수되는 탄소량을 같게 해서 '탄소 순 배출이 0'이 되게 하는 것이다. '넷제로(Net-Zero)' 혹은 '탄소 제로(carbon zero)'라고 부르기도 한다. 현재 전 세계적으로 추진되고 있는 탄소중립은 지구온난화에 대응해 안전하고 지속 가능한 사회를 만들기 위한 2050년까지의 온실가스 감축 목표이자 의지를 담은 개념이라고 할 수 있다.

일부 기후전문가들은 지구가 탄소를 줄이는 노력을 하더라도 세기말에 가면 최소한 5℃ 이상 상승해서 최악의 기후 재앙이 발생할 것으로 예상한다. 그러나 모든 지구촌이 합심해서 탄소중립을 실현해 나가면 최악의 기후변화는 막을 수 있다. 미국 퍼시픽연구소(PNNL), 미국 환경청(EPA) 등을 포함한 4개국 국제 공동연구팀이 함께 연구해 2021년 11월 「과학정책(Science Policy)」에 발표한 논문에는 전 세계 각국이 선언한 탄소중립 및 온실가스 목표가 그대로 이루어진다면 최악의 기후 재앙은 막을 수 있다는 희망을 담은 내용을 실었다. 이제 지구온난화와 기후변화를 막는 방법은 단 하나, 탄소중립밖에 없다. 전 세계가 힘을 합쳐 같이 탄소를 줄이는 노력을 해나가야만 한다.

06

제임스웹 우주망원경

ISSUE 6 천문학

이광식

성균관대 영문학과를 졸업했고, 한국 최초의 천문잡지 「월간 하늘」을 창간해 3년여간 발행했다. '우주란 무엇인가?'를 화두로 《천문학 콘서트》를 펴낸 후, 《십대, 별과 우주를 사색해야 하는 이유》, 《잠 안 오는 밤에 읽는 우주 토픽》, 《별아저씨의 별난 우주 이야기》, 《우주 덕후 사전》, 《천문학자에게 가장 물어보고 싶은 질문 33》, 《50, 우주를 알아야 할 시간》 등을 내놓았다. 지금은 강화도 퇴모산의 개인관측소 '원두막천문대'에서 별을 보면서 일간지, 인터넷 매체 등에 우주·천문 관련 기사·칼럼을 기고하는 한편, 각급 학교와 사회단체 등에 우주특강을 나가고 있다.

제임스웹 우주망원경이 최초로
공개한 우주 사진 중 하나인
용골자리 대성운. ©NASA

차세대 우주망원경은 얼마나 오래전의 우주를 엿볼 수 있을까?

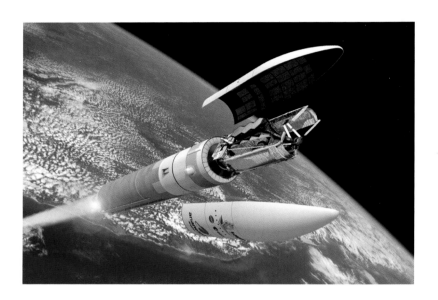

2021년 12월 25일 아리안5 로켓에 실려 발사된 제임스웹 우주망원경이 우주에서 사출되는 상상도. ⓒNASA

빅뱅 직후인 135억 년 전 태초의 우주는 어떤 모습이었을까? 인류의 끊임없는 호기심을 풀어줄 제임스웹 우주망원경(JWST)이 현재 지구로부터 150만 km 떨어진 심우주에서 135억 년 전 초기 우주의 풍경을 열심히 들여다보고 있다. 제임스웹 우주망원경은 허블 우주망원경의 뒤를 잇는 차세대 우주망원경이다.

이 차세대 우주망원경이 남미 기아나의 쿠루 우주센터에서 아리안5 로켓에 실려 발사된 것은 2021년 12월 25일 크리스마스 날이었다. 최초의 발사예정이었던 2007년에서 무려 14년이나 지각한 발사였다. 미국 항공우주국(NASA)과 유럽 우주국(ESA), 캐나다 우주국(CSA)의 합작으로 1996년부터 기획돼 2006년부터 제작에 들어간 JWST는 초기 예산의 5배를 훌쩍 뛰어넘는 100억 달러(한화 13조 원)를 투입한 끝에 마침내 완성되어 15년 만에 발사된 것이다.

'29일간의 벼랑 끝 여행'

제임스웹 우주망원경의 최종 행선지는 지구에서 태양의 반대 방향으로 150만km 떨어진 태양–지구 라그랑주 점 2(L2)이다. 라그랑주 점이란 공전하는 두 개의 천체 사이에서 중력과 원심력이 상쇄되어 실질적으로 중력의 영향을 받지 않는 평형점을 말한다. 태양–지구 사이에는 5개의 라그랑주 점이 있는데, 이 가운데 제2 라그랑주 점은 질량이 큰 두 물체 중 작은 물체 너머에 자리한다. 즉 지구를 사이에 두고 태양을 등지고 있는 곳이다. 이곳은 태양이 지구를 끌어당기는 힘과 지구의 원심력이 균형을 이뤄 별도의 동력 없이도 계속 태양을 공전할 수 있으며, 빛의 왜곡 현상이 없다. 또한 태양과 지구로부터 나오는 빛의 방해를 최소화할 수 있으며, 지구와 망원경의 거리를 항상 일정하게 유지할 수 있는 이점이 있다.

NASA의 차세대 우주망원경 제임스웹이 숱한 진통 끝에 발사됐지만, L2 목적지까지 가는 29일의 여정도 손에 땀을 쥐게 하는 갖가지 고난도의 통과의례를 거쳐야 했다. 제임스웹 망원경이 본격적인 과학관

발사 후 27분이 지난 시점에 고도 1380km에서 성공적으로 상단 로켓에서 분리된 뒤 행선지인 L2를 향해 '29일간의 벼랑 끝 여행'을 시작하고 있다. 배경에 지구가 보인다. ©NASA

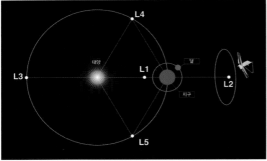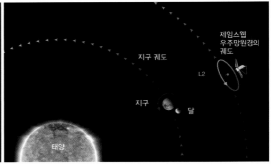

◀제2 라그랑주 점. 질량이 큰 두 천체에 의한 중력과 궤도를 유지하기 위한 원심력이 평형을 이루는 지점. 여기에서 제3의 물체가 다른 두 물체에 대해 정지 상태에 있을 수 있다. ©NASA

▶제임스웹 우주망원경이 안착한 제2 라그랑주 점의 위치. 실제 거리의 비율은 반영하지 않았다. ©NASA

측에 들어가기 전에 반드시 수행해야 할 주요 전개 작업은 50개 정도인데, 178개의 이탈장치(release mechanism)가 50개 관련 장비를 전개하는 작업이다. 이는 지금까지 한 우주선 활동 중 가장 복잡한 작업으로서, 어느 것 하나라도 삐끗하면 망원경이 정상 기능을 할 수 없기에 '29일간의 벼랑 끝 여행'으로 불리었다. 지구 저궤도를 도는 허블 우주망원경과는 달리 사람이 가서 수리할 수 없기 때문이다.

다행히 제임스웹 우주망원경은 이륙 후 약 30분 후 태양 전지판을 전개하고 태양 에너지를 흡수하는 것을 시작으로 해서 엔진을 분사해 진로를 수정하는 식으로 L2로 향하는 궤도에 오르는 과정을 포함해 모든 전개 작업을 한 치의 차질도 없이 완벽하게 수행했다. 그중 백미는 테니스장 크기의 태양 가림막을 전개하는 작업이었다.

발사 3일 후 제임스웹 우주망원경의 거대한 태양 가림막을 고정하는 팔레트가 내려졌다. 이 가림막은 햇빛을 막아 적외선 망원경과 장비를 차갑게 유지하도록 설계된 5층의 시트 구조물로, 차곡차곡 접힌 상태로 로켓의 페이로드 페어링 내부에 탑재됐던 것이다. 이것을 펴는 과정은 엄청나게 복잡하다. 그 구조 속에는 140개의 이탈장치와 70개의 힌지 조립체, 400개의 도르래 장치, 90개의 케이블 및 8개의 전개 모터가 있는데, 이 모두가 5장의 펼침막이 설계대로 전개되도록 정교하게 작동해야 하기 때문이다. 가로 21m, 세로 14m에 머리카락 두께의 5개 층으로 이루어진 다이아몬드 모양의 가림막은 전개된 후 팽팽하게 펼치는 데 문제점이 약간 있었지만, 제임스웹 우주망원경 팀의 엔지니어들이 이를 극복해낸 끝에 최고난도의 가림막 배치를 마침내 성공시켰다.

이 가림막은 한 면이 항상 태양, 지구 및 달을 향해 펼쳐져 열·빛이 망원경의 관측을 방해하는 것을 막아준다. JWST는 에너지가 극히 낮은 적외선 파장으로 우주를 볼 수 있도록 최적화된 망원경인 만큼 광학장비와 기구는 이렇게 희미한 열 신호를 포착하기 위해 극도로 차갑게 유지돼야 한다. 따라서 햇빛과 지구열의 완벽한 차단은 필수적이다.

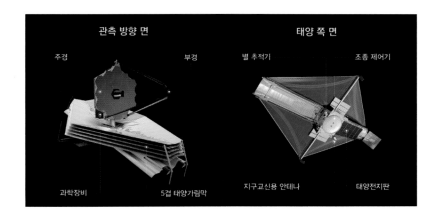

제임스웹 우주망원경의 주경과 태양 가림막. 주경은 18개의 육각형 낱개 거울을 벌집처럼 구성한 것이고, 태양 가림막은 5층 구조물로 테니스장 크기에 해당한다. ⓒNASA

너비 6.5m의 제임스웹 우주망원경 주 반사경은 단일 주경이 아니라, 18개의 육각형 낱개 거울을 벌집처럼 구성해서 만들어지는 것이다. 주 반사경 역시 태양 가림막처럼 로켓의 페어링 안에 접힌 상태로 발사됐다. 주경은 발사 2주 후인 2022년 1월 8일에 완전히 전개됐다. 벌집모양의 18개 조각 거울을 단일 반사경으로 기능하도록 정밀하게 정렬시키는 것이 지상의 제임스웹 우주망원경 팀이 해결해야 했던 주요 작업 중 하나다. 이는 각 조각 거울의 위치와 기울기를 나노미터 수준의 정밀도로 미세 조정하는 정교한 과정이다. 150nm(나노미터, 1nm는 10억분의 1m)의 정확도까지 완벽해야 하기 때문에 시간이 많이 걸리는 힘든 작업이다. 참고로 종이 한 장의 두께는 약 10만 nm이다.

2022년 1월 초 거울 정렬 작업을 진행하기 위해 지상팀은 우리 은

하계에서 '특징 없는 별'로 생각되는 HD 84406을 망원경 초점 테스트
용으로 선택했다. 육안으로 볼 수 있는 것보다 100배 더 희미한 이 별
은 과학적 중요성이 아니라 순전히 밝기와 위치 때문에 선택됐다. 여정
의 반에 다다른 제임스웹 우주망원경은 거대한 주경의 두 측면 '날개'를
펼친 데 이어, 초점 테스트용 별 HD 84406을 사용해 낱개 거울을 모두
정렬시켜 단일 집광 표면을 완성함으로써 길고도 어려웠던 모든 전개
작업을 완벽하게 마무리했다.

제임스웹 우주망원경은 지구를 출발한 지 한 달 만인 1월 24일 목
적지에 도착했다. NASA는 제임스웹 우주망원경이 마지막으로 5분간

가림막과 주경의 단계별 전개
과정. ©NASA

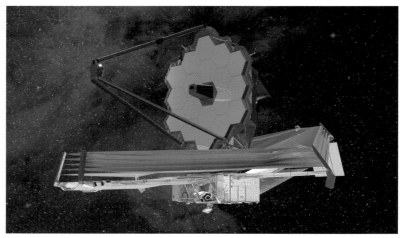

최종 목적지인 L2 지점에
안착해 관측 중인 제임스웹
우주망원경의 상상도. ©NASA

추력장치를 분사해, 1월 24일 L2에 도착했다고 발표했다. 그러나 제임스웹이 L2에 항상 고정돼 있는 것은 아니다. 이 점을 중심으로 원을 그리며 돌면서 태양 전지판을 햇빛에 노출시켜 전원을 얻는다. 이 지점에선 지구와 항상 같은 위치를 유지하기 때문에 망원경이 거의 같은 온도를 유지할 수 있고 지구와의 통신도 끊기지 않는다. 통신은 NASA의 제트추진연구소(JPL)에서 관리하는 거대 안테나인 심우주 네트워크(DSN)를 통해 이뤄진다. 심우주 통신망은 미국 캘리포니아, 스페인, 호주에 각각 위치하고 있다.

18개 육각형 벌집 형태의 주경과 4개의 적외선 관측장비

가시광선으로 관측하는 허블 우주망원경과 달리 적외선으로 우주를 보는 제임스웹 우주망원경이 처음으로 논의되기 시작한 것은 30년 전의 일이다. 1989년 9월 미국 볼티모어의 우주망원경 과학연구소에서 한 무리의 천문학자들이 만나서 허블 우주망원경의 후계를 논의하기 시작했을 때 처음으로 윤곽이 드러났다.

허블 우주망원경이 138억 년 전의 빅뱅 이후 불과 10억 년이 지난 시점의 우주 모습을 제공했지만, 천문학계는 훨씬 더 초기의 우주를 조사하기를 원했다. 이상적으로는 우주가 태어난 직후 몇억 년 이내에 형성된 최초의 별과 은하의 시대까지 거슬러 올라가는 것이다.

허블, 스피처 우주망원경의 뒤를 이어 우주 관측의 새로운 역사를 쓸 것으로 기대되는 제임스웹 우주망원경은 허블 우주망원경이 사용했던 가시광선이 아니라 적외선을 통해 태양과 같은 별을 관측한다. 적외선을 이용하면 허블 우주망원경보다 훨씬 더 멀고 더 차가운 천체를 관측할 수 있다. 최대 1000광년 떨어진 행성의 산소분자를 확인할 수 있는 것으로 알려졌다. 제임스웹 우주망원경에는 4개의 적외선 관측장비가 탑재됐는데, 이 장비들은 영하 233~266℃의 극저온을 유지하며, 우주 초기의 별에서 방출돼 지금은 아주 미세해진 빛까지 감지해낸다.

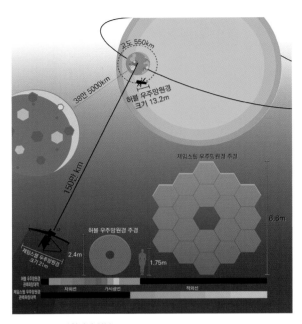

제임스웹 우주망원경과 허블
우주망원경의 비교. ©NASA

JWST는 허블 우주망원경과는 전혀 다른 형태와 특징을 취하고 있다. 가장 큰 특징은 단일 주경을 사용하지 않고 얇은 금을 코팅한 베릴륨으로 만든 육각형 거울 18개를 벌집 꼴로 이어붙여 만든 주경을 가지고 있다는 점이다. 거울이 금으로 코팅된 이유는 금의 빛 반사율이 98%로 가장 높기 때문이다. 금 코팅은 내구성 때문에 얇은 유리막으로 덮여 있다.

18개의 낱개 거울은 차곡차곡 접힌 채 탑재되어 우주로 나간 후 차례대로 펼쳐진다. 이는 로켓에 실어 우주로 나가기 위한 불가피한 선택이었다. 18개의 낱개 거울을 다 펼치면 주경의 지름이 6.5m로, 2.4m인 허블 우주망원경 주경보다 2배 이상 크다. 이런 방식을 취한 덕분에 제임스웹 우주망원경의 집광력은 허블 우주망원경의 7배가 넘고 시야는 15배 이상이다. 그럼에도 불구하고 무게는 허블 우주망원경의 반 정도밖에 안 되는 6500kg에 지나지 않는다.

또 다른 특징의 하나는 허블 우주망원경이 가시광선 영역의 파장으로 관측하는 데 비해, 제임스웹 우주망원경은 적외선 관측에 특화된 망원경이라는 점이다. 긴 파장의 적외선으로 관측할 경우 우주 먼지 뒤에 숨은 대상까지 뚜렷하게 볼 수 있다. 또한 빛은 먼 거리에서 올수록 적외선에 가까워지기 때문에 장거리 관측 능력도 좋아진다.

관측 장치가 포착한 빛은 통합 과학 도구 모듈(ISIM)로 알려진 보드의 네 가지 과학 시스템에 의해 분석된다. 이때 관측 장치들은 가장 희미한 적외선까지 잡아낼 수 있게끔 영하 223℃ 이하의 온도로 유지돼야 한다. 중적외선 관측 장치(MIRI)는 이보다도 낮은 극 최솟값 근처의 영하 266℃의 기온이 필요하다.

제임스웹 우주망원경의
관측장비들.
근적외선분광기(NIRSpec),
근적외선카메라(NIRCam),
정밀유도센서(FGS)/근적외선
이미저 및 슬릿리스
분광기(NIRISS), 중적외선
관측장비(MIRI)가 실려 있다.
ⓒNASA

이런 특징을 종합하면 JWST의 관측 능력이 허블 우주망원경보다 100배 강할 것으로 평가된다. 따라서 과학자들은 JWST가 우주의 암흑기(Dark Age)가 끝난 시점, 즉 138억 년 전 우주 대폭발(빅뱅) 직후 2억 년쯤 지난 135억 년대 초기 우주의 별들이 보내온 적외선 파장을 관측할 수 있을 것으로 기대하고 있다. 이는 사실 제임스웹 우주망원경이 인류가 우주의 끝을 관측하는 첫 번째 망원경이 될 것이라는 의미이다. 우주가 탄생 직후 어떤 모습이었는지 볼 수 있다면 지금까지 해결되지 않은 세밀한 우주 진화 과정을 파악할 수 있을 것으로 기대된다.

제임스웹 우주망원경의 설계 수명은 5~10년이지만, 발사 후 궤도 조정이 예상보다 순조롭게 진행되면서 연료 여유분이 생겨 수명을 상당히 연장할 수 있을 것으로 보고 있다. 따라서 제임스웹 우주망원경은 '위대한 업적'을 남긴 허블 우주망원경을 계승하여 적어도 10년 이상, 최대 20년까지 작동하면서 인류를 좀 더 먼 태초의 우주로 데려다줄 것으로 기대를 모으고 있다.

제임스웹이라는 이름은 1960년대 케네디 대통령 시절 NASA 제2대 국장을 역임하며 최초 달 착륙선 아폴로 프로젝트를 이끌었던 제임스 웹 NASA 국장의 이름을 땄다.

제임스 웹 NASA 국장.
ⓒNASA

최초의 별과 은하를 찾아서

인류는 무엇 때문에 26년의 개발시간과 한화 13조 원의 거금을 쏟아부어 제임스웹 망원경을 우주로 올려보낸 것일까? 그 답은 100여 년 전 남태평양 타히티섬에서 생을 마감한 인상파 화가 폴 고갱이 남긴 최후의 대작에 담겨 있다. 고갱은 자살을 결심한 후 자신의 유언을 그림으로 남겼다. 1897년 연말께 한 달을 밤낮으로 매달려 완성한 그 그림이 유명한 '우리는 어디서 왔고, 우리는 무엇이며, 우리는 어디로 가는가?'라는 고갱의 대표작이다

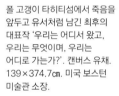

폴 고갱이 타히티섬에서 죽음을 앞두고 유서처럼 남긴 최후의 대표작 '우리는 어디서 왔고, 우리는 무엇이며, 우리는 어디로 가는가?'. 캔버스 유채. 139×374.7㎝. 미국 보스턴 미술관 소장.

인류가 제임스웹 우주망원경을 심우주로 띄워 보낸 것은 다름 아니라 바로 우리의 근원, 곧 세상이 어떻게 시작되었는가 하는 그 근원을 알고자 하는 인류의 오랜 궁금증을 풀기 위함이다. 따라서 이 거대한 망원경의 주요 미션은 초기 우주에 나타난 최초의 별과 은하로부터 방출되는 빛을 측정해 우주 생성의 비밀을 캐내는 것이다. 또한 오늘의 인류를 존재케 한 별의 탄생과 소멸을 들여다보는 한편, 우주의 먼지구름에 가려진 외계행성의 대기를 조사해 우주 생명체의 존재 여부 등을 탐사하는 임무를 띠고 있다.

제임스웹 우주망원경의 중요한 임무를 정리해보면 크게 다음의 네 가지 사항을 핵심 목표로 하고 있다. 빅뱅 이후 우주에 나타난 최초의 별과 은하에서 오는 빛 탐색, 은하의 형성과 진화 연구, 별 탄생과 행

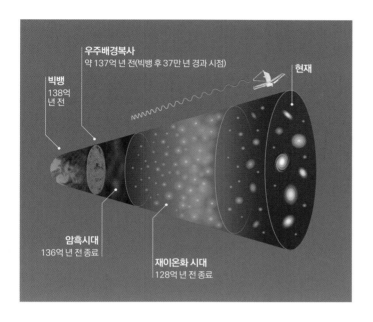

우주배경복사
약 137억 년 전(빅뱅 후 37만 년 경과 시점)

현재

빅뱅
138억
년 전

암흑시대
136억 년 전 종료

재이온화 시대
128억 년 전 종료

제임스웹 우주망원경의 임무
중 하나는 빅뱅 이후 우주에서
탄생한 최초의 별과 은하를
탐색하는 것이다. ⓒNASA

성 형성 이해, 행성계와 생물 기원 연구가 그것이다.

　　NASA가 지금까지 수행한 것 중 가장 복잡한 미션인 제임스웹 우주망원경의 임무는 반세기를 넘는 인류의 우주 탐사에서 최대 과학 프로젝트라 할 수 있다. 모든 것이 계획대로 진행된다면 제임스웹 우주망원경은 앞으로 5년에서 10년에 걸쳐 최초의 별빛 탐색을 포함해 다양하고 중요한 과학 작업을 수행하게 된다. NASA 빌 넬슨 국장은 성명에서 "이것은 매우 독특한 임무"라고 강조하면서 "이 미션이 성공한다면 엄청난 우주 비밀의 문을 열어젖혀, 우리가 누구인지, 어떻게 진화해 왔는지, 그리고 어떻게 여기까지 왔는지에 대해 엄청난 대답을 해줄 것"이라고 큰 기대를 나타냈다.

　　발사 한 달 만에 목적지 제2 라그랑주 점에 도착한 제임스웹 우주망원경은 5개월 동안 18개의 주 거울 조각들을 미세조정해 완벽하게 같은 지점을 향하도록 하는 거울 정렬 작업을 비롯해 조정, 관측기기 점검, 시험 관측 등의 준비 작업을 완벽하게 마무리했다. 이후 2022년 7월부터 정식 과학 관측에 나섰다.

허블 영상보다 선명한 첫 이미지

발사 6개월 후인 2022년 7월 12일 숱한 난관을 다 극복한 제임스웹 우주망원경은 마침내 첫 결과물을 내놓았다. 첫 '과학 품질' 이미지 다섯 컷에는 지금까지 인류가 본 것 중 가장 먼 우주의 풍경이 선명하게 담겨 있다. 우주의 신비를 담은 이들 컬러 영상은 적외선으로 본 우주의 풍경을 숨 막힐 정도로 자세하게 포착하고 있다.

특히 그중 네 번째 이미지는 심우주를 보여주는 SMACS 0723 은하단은 우리가 본 것보다 더 오래된 우주의 '딥 필드'를 드러냈다. 이미지와 데이터는 과학연구에 기여할 제임스웹 우주망원경의 엄청난 잠재력을 나타내며, 제임스웹 우주망원경이 비로소 활동적인 과학도구로 전환했음을 알려주었다.

허블 우주망원경이 최고의 딥 필드 이미지를 얻는 데 몇 주가 걸리는 반면, 제임스웹 우주망원경은 하늘의 어느 지점이든 2천 초만 들여다본다면 어떤 딥 필드 이미지라도 얻을 수 있음을 증명한 셈이다. 우리가 바야흐로 우주의 비밀을 밝히는 동굴의 입구에 막 들어섰음을 실감케 한다. 제임스웹 우주망원경은 허블 우주망원경보다 최대 100배 더 민감하도록 설계됐는데, 목표를 초과 달성한 것으로 나타났다.

이로써 앞으로 10년 동안 전 세계 천문학자를 비롯해 우주의 비밀을 연구하고 생성과 진화를 탐구하는 이들에게 제임스웹 우주망원경은 빅뱅이 시작된 지 불과 1억 년 후의 우주를 볼 수 있는 '우주의 눈'이 되어 줄 것이다. 새로운 우주 탐험의 역사를 쓸 수 있을 것으로 기대된다.

이날 공개된 5개의 이미지는 SMACS 0723 은하단을 비롯해 남쪽고리성운, 용골자리 대성운, 슈테팡 오중주 은하군, WASP-96 b라고 불리는 거대 외계 가스행성의 스펙트럼이다.

SMACS 0723 은하단_ 이 평면적인 사진 한 장에는 우주의 나이에 버금가는 시공간이 압축돼 있다. 사진에서 보이는 시야에 가득한 수천 개의 은하 중 노란색 혹은 하얀색 타원은하들은 지구로부터 46억 광년 거리에 있는 SMACS 0723이라는 은하단에 속해 있는 은하들이다.

제임스웹 우주망원경의 근적외선 카메라(NIRCam)와 중적외선 장치(MIRI)로 촬영된 딥 필드 이미지는 남반구의 날치자리 방향을 12.5시간 동안 노출해서 다양한 파장의 이미지를 합성해 담아낸 것이다. 이 초기 우주의 이미지에는 6개의 회절 스파이크가 있는 별들이 보이는데, 이는 모두 우리 은하 안의 별들이다. 이 회절 패턴은 육각형 날개 거울 18개의 벌집 구조인 주경을 사용하는 제임스웹 망원경의 특징이다.

딥 필드의 곳곳에 보이는 밝은 호는 훨씬 더 먼 은하들의 이미지로, SMACS 0723 은하단의 질량이 만들어낸 중력렌즈의 효과로 인해 왜곡되고 확대된 상이다. 아인슈타인은 상대성 이론에서 블랙홀이나 은하단처럼 중력이 강한 천체는 공간을 구부려 뒤에서 오는 빛을 휘게 하는 이른바 '중력렌즈' 현상을 일으킨다고 예측했다. 이런 중력렌즈를 이용하면 제임스웹 우주망원경은 빅뱅에서 얼마 지나지 않은 135억 년 전 초기 우주에서 나온 빛도 관측할 수 있을 것으로 기대된다.

왼쪽 가운데 지점에 위치한 빨간색 점은 그중에서 가장 오래된 은하로, 나이는 약 131억 년이다. 빅뱅 이후 약 7억 년 뒤에 만들어진 은하로, 46억 년인 태양보다 무려 80억 년 전에 우주에 나타난 은하인 셈이다. 빅뱅 이후 2억 년 뒤부터 최초의 별과 은하가 생성되기 시작했는데, 이렇게 오래된 빛은 가시광선이 아니라 적외선 영역에서만 관측이 가능하다. 먼 곳에 있는 은하들이 붉은 색을 띠는 이유는 이 때문이다.

우주에서 135억 광년 거리 밖의 천체를 본다는 것은 135억 년 전 과거를 본다는 뜻이다. 말하자면, 135억 광년의 공간을 꿰뚫는 힘을 가진 제임스웹 우주망원경은 135억 년을 거슬러 올라가는 타임머신인 셈이다.

'SMACS 0723' 은하단 이미지. 제임스웹 우주망원경이 들여다본 가장 먼 우주의 풍경으로 우주의 가장 깊숙한 곳을 고해상도로 촬영한 것이다. ©NASA

용골자리 대성운_ 하늘에서 가장 밝은 성운 중 하나인 용골자리 대성운은 가스와 먼지 구름으로 이루어진 발광성운으로, 남반구 별자리인 용골자리 방향으로 약 7600광년 떨어져 있다. 300광년이 넘는 범위에 걸쳐 있는 이 대성운은 죽어가는 초거성 용골자리 에타 별과 가장 어린 별 탄생 성단 중 하나인 트럼퍼 14를 품고 있는 별의 산란장으로, 태양보다 몇 배나 더 큰 거성들의 산실로 알려져 있다. 거대하고 활동적인 용골자리 대성운은 우주 가스와 먼지로 된 긴 손가락 모양 구조로 유명한 '파괴의 기둥(pillars of destruction)'의 고향이기도 하다.

남쪽 고리성운(NGC 3132)_ 불과 2000광년 떨어진 돛자리에 있는 이 성운은 죽어가는 별을 둘러싸고 있는 팽창하는 가스 구름으로 행성상 성운이라 불린다. 성운의 중심부에 있는 백색왜성은 모든 외각층을 날려버린 뒤, 상상할 수 없을 정도로 뜨겁고 강렬한 자외선을 방출하여 주변 가스를 가열시켜 밝게 만든다. 죽어가는 별 주변으로 가스 구름이 초속 15km로 팽창하고 있다. '팔렬성운'으로도 불리며, 성운의 지름이 약 0.5광년에 달한다.

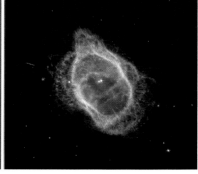

제임스웹 우주망원경이 두 가지 카메라로 촬영한 NGC 3132(팔렬성운) 사진. 좌측이 NIRCam, 우측이 MIRI로 촬영한 사진이다. 지름이 약 0.5광년에 달한다. ⓒNASA

슈테팡 오중주 은하군_ 지구에서 약 2억 9천만 광년 밖 페가수스자리에 5개의 은하로 이루어진 소은하군이다. 1877년 최초로 발견됐으며, 서로 중력으로 묶여 근접했다 멀어지기를 반복하며 은하들이 충돌하는 장면을 연출한다. 그중 네 개의 은하는 언젠가는 사중 충돌로 이어질

중력의 춤을 추고 있으며, 세 개의 은하는 상호
작용으로 인해 긴 나선형 모양을 하고 있다.

　　슈테팡 오중주의 맨 왼쪽에 보이는 나선
은하는 우연히 시선 방향이 같아 가까이 있는
것으로 보일 뿐, 소은하군과 직접적인 관련은
없다.

　　제임스웹 우주망원경이 우주 먼지를 뚫
고 찍은 '슈테팡 오중주' 이미지는 초기 우주에
서 은하의 진화를 주도하는 상호작용의 유형
을 실제로 보여주는 만큼 우주의 진화에 대한
새로운 통찰력을 제공할 것으로 과학자들은
생각하고 있다.

NASA가 공개한 '슈테팡 오중주'
소은하군. 근-중적외선으로
촬영한 사진. 보름달 5분의 1에
해당한다. ⓒNASA

WASP-96 b(외계행성)_ 제임스웹 우

주망원경의 첫 번째 공식 과학관측 결과 중 마지막 하나는 이미지가 아
니라 WASP-96 b라고 불리는 외계행성에서 방출되는 다양한 파장의
빛을 나타내는 스펙트럼이다. 목성의 절반 크기인 이 거대 가스행성은
3.4일마다 모항성을 1회 공전하며, 주로 나트륨으로 이루어진 독특한
대기를 지니고 있다.

제임스웹 우주망원경이 관측한
외계행성 WASP-96 b의 대기.
수증기 형태의 물이 발견됐다.
지구에서 1150광년 떨어져
있는 이 행성은 3.4일마다
모항성을 한 번씩 공전한다.
ⓒNASA

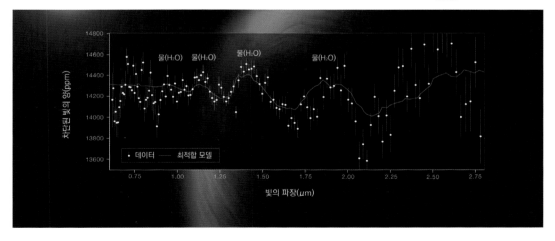

구름이 없는 유일한 행성으로 알려진 WASP-96 b는 2013년 발견 이후 수수께끼이자 추가 연구의 주요 목표였다. 제임스웹 우주망원경의 새로운 데이터는 외계행성의 대기에 수증기가 있음을 나타내는 요동을 잡아냈는데, 과학자들은 기이한 대기에 대해 좀 더 자세한 데이터를 얻을 수 있기를 기대하고 있다.

136억 년 전 은하부터 '창조의 기둥'까지

136억 년 전 은하 포착_ 제임스웹 우주망원경이 약 136억 년 전의 은하를 발견했다. 138억 년 전 빅뱅이 일어난 지 2억 3500만 년 지났을 때 존재했던 은하 CEERS-93316이 그 주인공이다. 앞서 135억 년 전 은하를 발견한 지 1주일 만에 최고(最古) 은하 관측 기록을 갈아치운 셈이다. 제임스웹 우주망원경의 성능을 감안하면 머지않아 또 다른 기록 경신이 이어질 것으로 기대된다.

우주 관측의 역사는 허블 우주망원경 이전과 이후로 확연히 나누어진다. 이제 인류의 '우주의 눈' 제임스웹 우주망원경은 허블 우주망원경의 뒤를 이어 인류를 태초의 우주로 데려다줄 것이다. 그러면 우리는 우리가 어디서 왔는지 좀 더 뚜렷이 알게 되는 날이 올 것이다. 과학자들은 JWST가 빅뱅 이후 1억 년 정도 된 초기 우주까지 관측할 수 있을

제임스웹 우주망원경은 수레바퀴 은하의 전체적인 형태(위쪽 사진)는 물론 내부 구조까지 포착해냈다. 이는 2018년 허블 우주망원경이 찍었을 때(아래 사진) 우주 먼지에 가려 잘 보이지 않았던 구조다. ⓒNASA

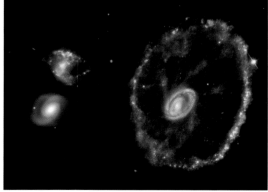

것이라 기대하고 있다.

더욱 선명해진 수레바퀴 은하_ 제임스웹 우주망원경이 촬영한 동그란 바퀴를 닮은 '수레바퀴 은하'의 사진에는 붉은색 빛과 함께 내부 구조의 모습까지 생생히 담겼다. 우주 먼지에 가려져 있어 이전의 우주 망원경으론 관찰할 수 없던 구조다.

수레바퀴 은하는 약 5억 광년 밖 조각가자리에 위치해 있다. 중앙과 외곽으로 두 개의 고리가 있는 '고리 은하'다. 우리 은하와 같은 나선 은하에 비해 고리 은하는 훨씬 드물게 관측된다. 과학자들은 거대한 나선은하가 다른 은하와 고속으로 충돌한 뒤 구조와 형태가 바뀌며 수레 바퀴 모양이 형성된 것으로 분석한다.

목성의 오로라·고리·위성들_ '태양계 큰형님' 목성의 새로운 모습이 제임스웹 우주망원경에 의해 포착됐다. 2022년 8월 22일 NASA는 제임스웹 우주망원경이 포착한 오로라와 위성들, 희미한 고리의 모습을 한꺼번에 담은 목성의 모습을 공개했다. 사진은 제임스웹 우주망원경의 근적외선 카메라(NIRCam)로 촬영된 적외선 이미지로, 그간 볼 수 없었던 목성의 새로운 모습이 담겨 있다.

먼저 목성 특유의 고리가 희미하게 보인다. 또한 오른쪽에 밝은색으로 표시된 목성의 대적점(GRS), 왼쪽의 뾰족한 회절 무늬 중앙에 있

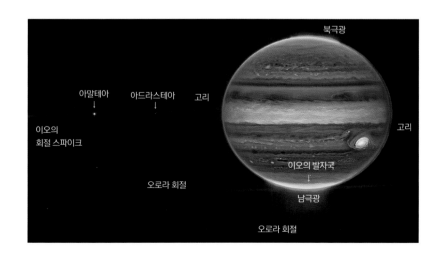

제임스웹 우주망원경이 포착한 목성과 고리, 위성들의 모습.
©NASA

는 목성의 4대 위성 중 하나인 유로파, 대적점 왼쪽 바로 옆에 있는 유로파의 그림자도 볼 수 있다. 유로파 위의 밝은 점은 작은 위성 테베, 목성의 오른쪽 고리 위의 흰 점 역시 위성 메티스다. 목성의 북극과 남극의 오로라 모습도 포착됐다.

제임스웹이 포착한 '창조의 기둥'_ 창조의 기둥(Pillars of Creation)이란 새로운 아기별들이 무더기로 태어나고 있는 현장의 성운이란 뜻에서 붙여진 이름이다. 지구로부터 뱀자리 방향으로 약 7000광년 떨어진 독수리 성운에서 성간가스와 성간먼지의 덩어리가 만들어낸 암흑성운이다.

창조의 기둥은 1994년 4월 허블 우주망원경이 맨 처음 촬영했는데, 그로테스크한 형태와 엄청난 규모로 사람들을 경악케 했다. 제임스웹 우주망원경이 잡은 '창조의 기둥'은 허블 우주망원경의 이미지와는 달리 짙은 우주 구름 속에서 막 태어나는 아기별들의 모습을 놀라울 정도로 선명하게 보여주고 있다. 천문학자들은 이 사진 덕분에 별의 탄생 메커니즘을 더욱 자세히 알아낼 수 있을 것으로 기대하고 있다.

창조의 기둥은 수소분자와 우주 먼지로 이루어져 있으며, 이것들은 가까운 주위 항성들이 방출하는 자외선으로 인해 형태가 침식되고 있다. 가장 왼쪽의 기둥은 그 길이가 무려 4광년에 이른다. 기둥 꼭대기의 조그만 손가락 모양 돌출부 하나가 우리 태양계 전체보다도 더 크다.

우주의 장관 중 하나로 꼽히는 '창조의 기둥'. 왼쪽이 허블 우주망원경이 잡은 모습이고, 오른쪽이 제임스웹 우주망원경이 잡은 새로운 이미지다. ⓒNASA, ESA

망원경을 왜 우주로 쏘아 올릴까?

우주망원경(Space Telescope)이란 지구 대기권을 벗어난 우주공간에서 천문학 관측을 하는 과학 기기들을 가리킨다. 그렇다면 왜 엄청난 비용을 무릅쓰고 망원경을 우주에까지 쏘아 올려 관측을 하려는 것일까? 지상에서 관측하기 어려운 것들을 좀 더 선명한 이미지로 관측하기 위해서이다.

지구는 대기라고 하는 얇은 기체의 막으로 둘러싸여 있다. 빛이 외계에서부터 지구로 도달하려면 이 대기층을 지나야 한다. 이때 대기층에 존재하는 기체 분자들이 지구상에 존재하는 생명체에게 치명적인 X선, 감마선, 자외선 등을 흡수한다. 단지 가시광선과 전파만이 대기를 투과해서 지상에 도달하게 된다. 덕분에 우리는 지구상에서 안전하게 살 수 있지만, 천체로부터 오는 빛 중 가시광선과 전파 영역을 제외한 다른 파장의 빛은 모두 대기에 의해 차단되거나 흡수되어 관측할 수 없다. 이 때문에 지상에서의 관측만으로는 우주에 대한 모든 정보를 얻기가 어렵다. 또 하나 다른 이유는 대기의 흔들림으로 천체의 상이 왜곡되고 흐려지기 때문이다.

이런 이유들로 인해 과학자들은 오래전부터 망원경을 우주로 올리고 싶어 했다. 물론 지구상에 건설된 지상 망원경에 비해 발사 후에 추가적인 정비와 업그레이드가 불가능하므로, 지상 망원경에 비해 가동 기간이 짧다는 단점이 있다. 그러나 이점이 더 크므로 결국 우주망원경이 탄생하게 된 것이다.

우주망원경을 최초로 제안했던 사람은 미국 천문학자 라이만 스피처(1914~1997)였다. 그는 1946년 관측장비를 지구 대기권 바깥으로 올려보내 지구 대기로 인한 관측 파장의 제한을 받지 않는 망원경을 건설하자고 제안했지만, 논의가 지지부진하다가 반세기가 거의 지난 시점인 1990년 4월 24일, 마침내 결실을 보기에 이르렀다. 대망의 우주망원경이 우주왕복선 디스커버리에 실려 우주로 올려지게 된 것이다.

이 망원경이 바로 우주 팽창을 최초로 발견한 미국 천문학자 에드윈 허블(1889~1953)의 이름을 따서 명명된 허블 우주망원경(HST)이다. 지름 2.4m의 주경을 가진 반사 망원경인 허블은 지상의 천체 망원경보다 해상도는 10~30배, 감도는 50~100배 뛰어난 관측 능력을 갖추고, 지상 540km 궤도에서 약 96분에 한 번씩 지구를 돌며 관측 활동을 한다. 2022년 현재 설계 수명을 훨씬 넘어서 32년째 근속하고 있으며, 지금 상태로 볼 때 2030년 혹은 2035년까지 수명을 이어갈 수 있을 것으로 예상된다.

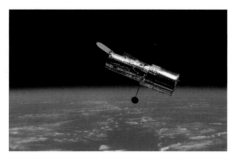

96분에 한 번씩 지구를 돌며 우주를 관측하는 허블 우주망원경.
©NASA

허블 우주망원경 이후 다양한 '관측영역'에 걸쳐 수많은 우주망원경이 그 뒤를 이었다. 중요한 것을 꼽자면, 찬드라 X선 관측선, 인테그랄 우주망원경, 스피처 우주 망원경, 케플러 우주망원경, 허셜 우주망원경, 플랑크 우주망원경, 테스(TESS) 등이 있다. 현재 기획 단계에 있는 우주망원경으로는 '첨단기술 대구경 우주망원경(Advance Technology Large Aperture Space Telescope)'이 있는데, 주경 지름 8m인 이 망원경이 제작되고 완성된다면 진정한 허블 우주망원경의 후계자가 될 것이다.

07

디지털 트윈

ISSUE 7 IT

박응서

고려대 화학과를 졸업하고, 과학기술학 협동과정에서 언론학 석사학위를 받았다. 동아일보 「과학동아」에서 기자 생활을 시작했고, 동아사이언스에서 eBiz팀과 온라인뉴스팀에서 팀장을, 「수학동아」, 「어린이과학동아」 부편집장, 머니투데이방송 선임기자, 브라보마이라이프 온라인뉴스팀장, 테크월드 편집장을 역임했으며, 현재는 이뉴스투데이에서 IT과학부&생활경제부 부장을 맡고 있다. 지은 책으로는 《테크놀로지의 비밀찾기(공저)》, 《기초기술연구회 10년사(공저)》, 《지역 경쟁력의 씨앗을 만드는 일곱 빛깔 무지개(공저)》, 《차세대 핵심인력양성을 위한 정보통신(공저)》, 《과학이슈 11 시리즈(공저)》 등이 있다.

디지털 기술로 쌍둥이
만들어 세상 바꾼다

싱가포르 전체를 가상공간에
옮겨 놓은 '버추얼 싱가포르'
모습. 유튜브 영상 캡처.
©YouTube/National Research
Foundation Singapore

싱가포르는 디지털 기술을 활용해 스마트시티 구축에 성공한 대표 사례로 자주 거론된다. 국토가 서울보다 조금 큰 도시국가이자 섬나라인 싱가포르는 590만 명이 넘는 인구가 밀집해서 살고 있다. 이렇다 보니 교통과 환경, 주택 등에 관련된 다양한 도시 문제가 국가 경제와 국민의 삶에 큰 영향을 주고 있다. 이런 도시 문제를 해결하려고 싱가포르 정부는 2014년 '스마트 네이션 프로젝트(Smart Nation Project)'를 선포한 뒤 도시이자 나라 전체인 싱가포르를 지속 가능한 스마트시티로 탈바꿈하는 청사진을 제시했다.

그리고 가상현실에 싱가포르 나라 전체를 그대로 옮겨 놓는(복제하는) 디지털 트윈(Digital Twin) 기술로 버추얼 싱가포르(Virtual Singapore)를 구현했다. 빌딩과 주택, 도로, 공장 등 주요 시설을 그대로 가상 공간에 옮겼다. 가상현실로 구현한 버추얼 싱가포르는 인공지능(AI)과 빅데이터, 사물인터넷(IoT) 같은 디지털 기술을 결합해 교통과 환경뿐 아니라 도시 계획, 발전 등에 관련된 다양한 도시 문제를 해결하고 있다. IoT로 수립한 실제 도시 데이터를 실시간으로 확인하며, 이를 시뮬레이션하고 분석해 예측한 뒤 통제에 활용한다. 이처럼 싱가포르는 AI와 빅데이터, IoT 같은 첨단 디지털 기술을 활용한 디지털 트윈으로 도시와 국가를 운영하고 있는 셈이다.

실제 현실을 가상공간을 활용해 분석하고 예측

최근 산업 전반에서 디지털 트윈이 주목받는 기술로 떠오르고 있다. 디지털 트윈은 가상공간에 특정 상황이나 조건에 맞는 현실공간을 디지털 기술로 쌍둥이처럼 만든 뒤 다양하게 시뮬레이션하며 현실을 분석하고 예측한다. 자율주행차와 드론 같은 신산업에 대한 기반을 마련하고 국토와 시설을 안전하게 관리하기 위해 도로와 지하공간, 항만, 댐 등을 대상으로 '디지털 트윈'을 구축할 수 있다. 정부에서도 디지털 트윈을 핵심 기술의 하나로 제시하며, 산업 발전과 활성화 전략을 모색하고 있다.

시장에서도 디지털 트윈이 산업적으로 고속 성장할 것으로 내다보고 있다. 2020년 시장조사기관 마켓앤마켓은 '2026년까지의 디지털 트윈 시장 글로벌 예측' 보고서를 발표하며, 디지털 트윈이 2026년까지 연평균 58%에 달하는 고속 성장을 기록해 2020년 31억 달러(약 4조 4,300억 원)이던 디지털 트윈 시장 규모가 2026년이 되면 482억 달러(약 67조 4,800억 원)에 이를 것이라고

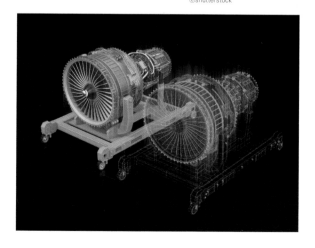

터보제트엔진의 디지털 트윈. 2014년 미국 제너럴일렉트릭에서 디지털 트윈 개념을 항공기 엔진 설계에 처음 적용했다.
ⓒshutterstock

예상했다. 2022년 스마트시티 분석 전문 기술 컨설팅 회사인 ABI리서치는 산업계에서 디지털 트윈에 지출한 비용이 2022년 46억 달러(약 6조 4,400억 원)에서 연평균 28% 성장해 2030년에 339억 달러(약 47조 4,600억 원) 규모에 이른다고 전망했다.

'디지털 트윈'에 대한 개념은 2002년 미국 미시간대학교의 마이클 그리브스(Michael Grieves) 박사가 제품수명주기관리(Product Lifecycle Management, PLM)에 필요한 이상적인 모델로 제시하면서 처음 등장했다. 그는 PLM센터를 구축하기 위한 발표 자료에서 'PLM을 위한 개념적 이상(Conceptual Ideal for PLM)'이라는 이름으로 디지털 트윈 모델을 선보였다. PLM은 제품 기획과 설계, 제조, 운영, 보수유지, 폐기 등 모든 활동을 지원하고, 이에 관련된 데이터와 정보, 지식 등을 관리하는 혁신적인 비즈니스 솔루션이다.

2014년 미국 제너럴일렉트릭(GE)에서 디지털 트윈 개념을 항공기 엔진 설계에 처음 적용했고, 이 개념은 에너지, 헬스케어 등 다양한 분야로 확장됐다. 이후 이제 디지털 트윈이라는 용어는 널리 사용되고 있다.

디지털 트윈 유행에는 미국 시장조사기관인 가트너도 한몫했다. 가트너는 2017년 디지털 트윈을 '10대 전략 기술 트렌드'로 선정했다. 당시 가트너는 3~5년 안에 수백만 개 사물이 디지털 트윈으로 표현될 것이라며 기업들은 디지털 트윈을 통해 장비 서비스에 대한 능동적 수리와 계획 수립, 제조 공정 계획, 공장 가동, 장비 고장 예측, 운영 효율성 향상, 개선된 제품 개발을 할 수 있을 것이라고 밝혔다.

1년 뒤인 2018년에도 가트너는 디지털 트윈을 최고 기술 트렌드로 선정하며 2020년

2017년 가트너는 '10대 전략 기술 트렌드' 중 하나로 디지털 트윈을 선정했다. ⓒGartner

까지 210억 개의 센서와 엔드포인트가 연결될 것이고 가까운 미래에 디지털 트윈은 수십억 개 사물을 위해 존재할 것이라고 전망했다. 특히 가트너는 2018년 유망(Emerging) 기술의 하이프 사이클을 발표하면서 디지털 트윈이 기대 정점에 이르고 있다고 밝혔다. 가트너의 하이프 사이클 보고서는 2000개가 넘는 유망기술에 대해서 전문가 의견을 수렴해 앞으로 5~10년 동안 주목받을 것으로 분석하고 예측한 기술을 성장 주기별로 포지셔닝하고, 유망기술이 '출현 단계에서 폭발적으로 성장해 정점에 달한 후 성숙 단계를 거쳐 서서히 안정기로 접어드는 일련의 과정'을 예측한다. 가트너는 기술 성장 주기를 ①기술 출현(Innovation Trigger), ②기대 정점(Peak of Inflated Expectations), ③기술 소멸(Trough of Disillusionment), ④기술 성숙(Slope of Enlightenment), ⑤안정 단계(Plateau of Productivity)로 구분한다.

가트너의 2018년 유망(Emerging) 기술 하이프 사이클. 디지털 트윈(Digital Twin)은 기대 정점 단계에 있다. ©Gartner

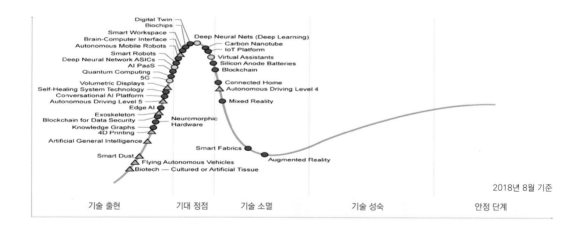

2018년 8월 기준

기술 출현　　기대 정점　　기술 소멸　　기술 성숙　　안정 단계

디지털 트윈·시뮬레이션·메타버스, 어떻게 다른가

사실 디지털 트윈은 시뮬레이션, 메타버스와도 매우 비슷한 측면이 있다. 시뮬레이션은 복잡한 문제나 사회 현상 따위를 해석하고 해결하기 위해 실제와 비슷한 모형을 만들어 가상으로 실험해 그 특성을 파

악하는 일이다. 실제로 모형을 만들어서 진행하는 물리적 시뮬레이션과 수학적 모델을 컴퓨터나 디지털로 다루는 논리적 시뮬레이션으로 구분한다. 하지만 시뮬레이션은 비행기 조종 시뮬레이션이나 CAD 시스템처럼 제한된 특정 플랫폼으로 설계한다. 또 시뮬레이션 과정을 그대로 따라 할 수는 있지만, 실제 대상과 일대일로 연결하지는 않는다.

반면 디지털 트윈은 실제 시설이나 지역 등 특정 대상과 상황을 가상공간에 그대로 복제해서 옮겨 놓는다. 시뮬레이션에 비해 훨씬 더 광범위하고 복잡하다. 무엇보다 디지털 트윈은 실시간으로 계속 데이터를 주고받으며 업데이트가 일어난다. 실제 현장에 설치된 IoT 센서가 제공하는 데이터를 입력받으며, 시간이 지나면서 시스템과 데이터가 계속 변화한다.

시뮬레이션은 제품수명주기를 설계할 때 제품 동작을 예측하는 데 주로 사용한다. 또 자동차나 비행기 조종처럼 특정 조건에서 실제와 유사한 환경에서 체험할 수 있도록 돕는 역할을 한다. 디지털 트윈은 건물, 공장, 로봇 등 다양한 대상과 제품, 시스템이 실제 어떻게 동작하고 환경에 적응하고 있는지 등에 관해 대상을 활용하면서 나타나는 다양한

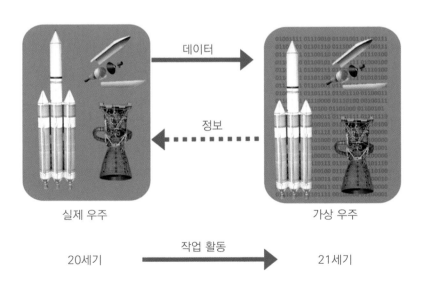

디지털 트윈 모델. 실제 우주의 데이터를 바탕으로 가상 우주에서 정보를 생산해 실제 우주에 적용할 수 있다. ⓒDigital Twin/Michael Grieves

인사이트를 산업과 사회 전반에 제공한다.

　메타버스는 실제와 매우 유사한 공간을 가상현실로 구현한다는 점에서 디지털 트윈과 비슷하다. 하지만 현실을 그대로 옮겨서 현실을 보완하려는 디지털 트윈의 목적과 달리 현실과 비슷한 환경이지만 새롭고 또 다른 가상세계를 만든다는 점에서 큰 차이를 보인다. 하지만 메타버스를 설계 단계에서부터 디지털 트윈을 위한 목적을 적용한다면 메타버스의 일부를 디지털 트윈처럼 활용할 수도 있다.

　일부에서는 미국 항공우주국(NASA)이 우주에서 발생할 수 있는 문제를 미리 예측하고 진단하기 위해 초기 우주 캡슐의 실물 모형을 완전한 디지털 시뮬레이션으로 대체한 것을 디지털 트윈의 시작이라고 주장한다. 이런 주장은 시뮬레이션, 디지털 트윈, 메타버스 같은 비슷한 기술이나 현상을 칼로 무를 자르듯이 이분법적으로 단순하게 구분할 수 없다는 점에서 비롯한다. 이는 곧 디지털 트윈을 시뮬레이션의 하나로 보거나 시뮬레이션을 디지털 트윈의 하나로 볼 수도 있다는 얘기다.

물리적 세계와 디지털 세계, 실시간 연결이 핵심

　정리하면 디지털 트윈은 실제 데이터를 입력해 이로 인해 영향받은 예측 또는 시뮬레이션 결과를 제공하는 프로그램 또는 시스템이다. 그리고 데이터 과학자나 응용수학자 같은 관련 전문가가 디지털 트윈을 구축한다. 이들은 똑같이 만들어야 할 대상이나 시스템의 기초가 되는 현상과 물리학 등을 연구하고, 연구 데이터를 이용해 디지털 공간에서 실제 원본을 그대로 시뮬레이션할 수 있는 디지털 모델을 개발한다.

　이렇게 만든 디지털 트윈 모델은 실제 데이터를 수집하는 센서로부터 입력 신호를 받을 수 있도록 만든다. 이를 통해 실제로 작동하는 과정에서 발생할 수 있는 문제와 성능 등에 대한 갖가지 실험과 연구를 실시간으로 시뮬레이션하며 인사이트를 제공할 수 있다. 프로토타입을 기반으로 설계한 디지털 트윈을 그대로 활용할 수도 있고, 디지털 트윈으로 분석되고 예측된 피드백 결과를 바탕으로 프로토타입을 개선하며 디지털 트윈도 업그레이드할 수 있다.

이처럼 디지털 트윈은 시뮬레이션에 비해 훨씬 복잡한 형태로 구성되는 편이다. 하지만 설계자와 개발자 역량에 따라 단순하게 또는 더 복잡하게 만들 수 있다. 결국 개발한 디지털 트윈이 실제 수집하고 활용하는 데이터를 얼마나 더 많이 또 더 정확하게 실제와 똑같이 모방할 수 있느냐가 관건이다. 이것이 디지털 트윈의 성공 여부를 가르는 셈이다.

디지털 트윈은 현재 제조 분야를 중심으로 주로 활용하고 있다. 항공기 엔진과 터빈, 기차, 해상 석유 플랫폼처럼 복잡하고 비용이 많이 드는 대상을 실제로 생산하기 전에 디지털 환경에서 구현해 시험하는 데 사용한다. 또 기술자가 발전소나 거대 생산 시설을 수리하거나 교체하기 전에 준비한 수리 방법을 적용해 제대로 작동하는지 시험하는 유지보수 작업에도 유용하게 활용한다. 최근에는 시각화와 관련한 증강현실(AR)과 가상현실(VR) 기술 발전, 머신러닝을 포함한 AI 기술 발전에 힘입어 다양한 산업으로 활용 범위가 넓어지고 있다.

아론 패럿(Aaron Parrott)과 레인 워쇼(Lane Warshaw)는 '인더스

석유굴착장치의 디지털 트윈.
©wikipedia/SumitAwinash

트리 4.0과 디지털 트윈'에서 디지털 트윈의 진정한 위력과 중요성은 물리적 세계와 디지털 세계 간에 거의 실시간에 가까운 종합적인 연결을 제공하는 데 있다고 강조했다. 또 강력한 컴퓨팅 역량 덕에 실시간 예측 피드백과 오프라인 분석 처리로 기존 방법으로는 불가능한 근본적인 설계와 공정 변화를 이끌어낼 수 있다고 밝혔다.

제조공정 디지털 트윈 모델

© 딜로이트 대학 출판

① 센서: 제조공정 전반에 걸쳐 배치된 센서들이 실세계의 물리적 프로세스에 대한 운영 및 환경 정보를 포착하는 신호 생성

② 데이터: 센서에서 생성된 실제 세계의 운영 및 환경 데이터는 기업의 다른 데이터들과 결합해 종합되는데, 기타 데이터에는 자재명세서, 기업 시스템 정보, 설계 시방서, 엔지니어링 도안, 외부 데이터 피드 연결정보, 고객 불만사항 등 포함

③ 종합: 센서는 종합 기술(통신 인터페이스, 보안기술 등 포함)을 통해 물리적 세계와 디지털 세계 간에 데이터 전송 수행

④ 애널리틱스: 애널리틱스 기법은 알고리즘 기반의 시뮬레이션과 시각화 루틴을 통해 데이터를 분석하는 데 사용돼 인사이트 생성

⑤ 디지털 트윈: 그림에서 '디지털' 부분이 디지털 트윈이며, 앞의 구성 요소들을 결합해 물리적 세계 및 프로세스를 거의 실시간에 가까운 디지털 모델로 생성. 모델의 목표는 최적값에서 벗어나는 허용 불가능한 오차를 다양한 차원에 걸쳐 파악하는 것. 이와 같은 오차 분석을 통해 비용 절감, 품질 개선, 높은 효율성 달성 등의 기회 파악. 분석 결과는 물리적 세계에서 행동으로 이어질 수 있음

⑥ 작동장치: 실제 세계에서 대응하기 위해 디지털 트윈은 작동장치를 통한 행동 절차 생성. 작동장치는 물리적 프로세스 동작을 유발하는 사람이 개입해 통제

특히 이들은 물리적 세계와 디지털 세계가 연결돼 총체적이고 통합적이며 반복적인 특성을 보여주는 '제공공정 디지털 트윈 모델'을 제시하며, 디지털 트윈 작동 방식을 설명했다. 이들에 따르면 디지털 트윈은 ⓐ생성 ⓑ전달 ⓒ종합 ⓓ분석 ⓔ인사이트 ⓕ행동이라는 6단계의 개념적 구조를 통해 설계돼야 하며, 이를 통해 시장에서 지속적이고 기하급수적인 변화에 맞춰 빠른 진화가 이뤄질 수 있다.

여기서 생성 단계에는 물리적 공정과 주변 환경으로부터 중요한 입력값을 측정하는 수많은 센서를 물리적 공정에 설치하는 과정을 포함한다. 전달 단계는 물리적 프로세스와 디지털 플랫폼 간의 매끄러운 실시간 양방향 통합·연결성을 지원한다. 종합 단계는 데이터 저장소로의 데이터 이관을 지원하는데, 이 단계에서는 데이터를 분석하기 위해 준비하고 가공한다. 데이터 종합 및 처리는 자체 보유 시스템 또는 클라우드 시스템을 통해 이뤄질 수 있다.

분석 단계에서는 데이터를 분석하고 시각화한다. 데이터 과학자와 분석가는 고급 애널리틱스 플랫폼과 기술을 활용해 인사이트와 권고안을 창출하고 의사결정을 지원하는 반복 모델을 개발할 수 있다. 애널리틱스를 통해 얻은 인사이트 단계는 대시보드와 시각화를 통해 제시

돼, 하나 또는 그 이상의 차원에서 디지털 트윈 모델과 아날로그 물리적
세계 사이의 수용 불가능한 실적 차이를 조명해 추가적인 조사와 변화
가 필요한 영역을 알려준다.

마지막으로 행동 단계에서는 이전 단계에서 얻은 행동 가능한 인
사이트를 물리적 자산 및 디지털 프로세스에 피드백해 디지털 트윈의
영향력을 실현한다. 인사이트는 디코더를 통해 전달되어 물리적 공정에
서 움직임 또는 통제 메커니즘을 담당하는 작동장치로 입력하거나 공급
사슬과 자재 주문 활동을 통제하는 백엔드 시스템을 갱신하는 데 사용
한다. 이런 상호작용이 물리적 세계와 디지털 트윈 간의 닫힌 고리를 연
결하며 해당 시스템을 완성한다.

대형 기업이 주도하는 기술과 서비스 시장

이처럼 디지털 트윈 구축은 매우 복잡하며, 아직 표준화한 플랫폼
도 없는 상황이다. 최근에서야 오픈 소스 분야에서 디지털 트윈 플랫폼
에 대한 개요를 제안하고 있는 수준이다. 이런 배경에서 현재 디지털 트

마이크로소프트 애저
사업부에서 제공하는
디지털 트윈 플랫폼 중 하나.
ⓒ마이크로소프트

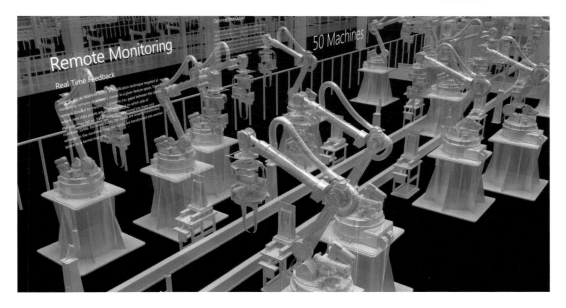

원 기술과 서비스는 대형 기업이 주도하고 있다.

미국 기업 GE가 제트 엔진 제조 프로세스를 개선하려고 자체적으로 디지털 트윈 기술을 개발한 뒤, 이를 확장해 고객 기업에 관련 전문 지식을 제공하고 있다. 제조업 분야에서 크게 활약하고 있는 독일 기업 지멘스도 디지털 트윈 기술로 제조 현장 혁신에 나서고 있다. 미국 IBM은 IoT 사업을 추진하며 이를 활용하는 디지털 트윈 기술을 함께 홍보하고 있다. 마이크로소프트는 애저(클라우드 컴퓨팅 플랫폼) 사업부에서 디지털 트윈 플랫폼을 제공하고 있다. 프랑스의 설계와 3D 모델링 전문 기업인 다쏘시스템도 해당 분야 역량을 토대로 최근 디지털 트윈 분야에서도 적극적으로 활동하고 있다.

반면 국내 기술은 경쟁국과 비교해 기술 수준이 가장 낮은 것으로 확인된다. 정보통신기획평가원(IITP)은 2019년 8월 '2018년도 ICT 기술 수준 조사 보고서'에서 디지털 트윈 분야 국내 기술 수준이 미국과 비교해 82.3%에 불과한데, 이는 유럽이 미국의 93%, 일본이 미국의 87%, 중국이 미국의 83.3%인 수준보다 뒤처지는 수준이라고 밝혔다. 실제로 국내에서는 상대적으로 규모가 작은, 코스닥에 상장했거나 상장 예정인 AI와 빅데이터 기업에서 주로 디지털 트윈 플랫폼 기술을 개발하거나 관련 컨설팅에 나서고 있는 실정이다.

앞에서 소개한 버추얼 싱가포르 외에 어떤 기업과 기관에서 디지털 트윈을 활용하고 있을까. 그들은 디지털 트윈으로 어떤 이점을 얻고 있을까. 최근에 기업과 산업에 디지털 트윈을 적용한 구체적 사례를 몇 가지 소개한다.

미국 GE는 디지털 트윈을 산업 분야에 가장 앞서서 적용한 기업이다. GE는 10억 달러에 달하는 연구비를 투자해 2016년에 세계 최초로 산업용 클라우드 기반 오픈 플랫폼인 '프레딕스(Predix)'를 선보였다. 이 산업용 디지털 트윈은 전문 영역과 실시간 관제에 특화한 시스템으로, 대표적인 예가 GE항공의 항공기 엔진 관리 시스템이다. 항공기에서 엔진 장애가 발생하면 항공기 결항과 사고로 이어지면서 항공사에 엄청난 경제적 · 사회적 손해를 끼친다.

GE항공은 이런 엔진 장애 문제를 최소화하기 위해 제트 엔진 하나에 200개가 넘는 센서를 장착해 항공기 이착륙과 운항 중에 발생하는 각종 데이터를 수집하고, 담당 엔지니어에게 시각화해 실시간 제공한다. 엔지니어는 이를 통해 엔진 고장 여부와 교체 시기를 예측한다. 그 결과 엔진 고장 검출 정확도를 10% 개선했고, 정비 불량으로 인한 결항 건수도 1000건 이상 감소하는 효과를 거뒀다.

독일의 지멘스는 스마트팩토리 EWA(Electronics Works Amberg)를 디지털 트윈으로 확장해 가상세계와 현실세계의 통합을 이뤄냈다. 1989년에 설립된 지멘스 EWA는 모든 공정상황을 실시간으로 공유하고 오류 발생 가능성을 확인해 공정 작업을 최적화할 수 있는 시스템으로 구축했다.

이후 EWA의 생산성은 8배가 늘었고, 제품 불량률은 43분의 1 수준으로 줄었다. 또 하루에 최대 300번 이상 생산 시스템을 변경하는 시간도 줄었고, 주문 후 24시간 안에 배송할 수 있게 바뀌었다. 이를 통해 스마트팩토리 EWA는 생산성을 향상하고 품질을 확보하며 다양한 소비자 요구를 바로 충족시키는 인더스트리 4.0 공장을 구현했다.

기존 건물 재활용에 디지털 트윈 활용

최근 건설 산업에서 산업 폐기물을 건축 재료로 재활용하며 지구 환경에 도움을 주고 있다. 그런데 기존 건물을 개조해 현대인의 업무와 생활에 더 적합한 공간으로 바꾸면 더 친환경적이다. 하지만 큰 문제가 있다. 기둥에서 볼트까지 모든 것을 목록화하고 측정하는 것은 기본이며, 각 요소의 재생 가능 여부를 판단하고, 유독성과 탄소발자국 같은 복합 문제를 해결해야 한다.

이에 스웨덴의 선도적인 건축회사인 화이트 아키텍처는 건물의 각 구성 요소를 카탈로그화하고, 드론과 레이저 스캐닝, 빌딩 정보 모델

프랑스의 베올리아 워터
테크놀로지는 디지털 트윈으로
도시가 홍수 상황에 대비하는
방법을 만들고 있다. 예를 들어
BIM을 이용해 수도관 셧다운의
영향을 예측한다. ⓒVeolia Water
Technologies

링(BIM) 데이터 관리 도구를 사용해 재사용 가능성을 평가하고 3D 모델을 만들어, 디지털 트윈 기술로 건축 재활용 가능성을 크게 높이고 있다. 스웨덴 예테보리에 있는 지방자치단체 청사 겸 문화센터로 최근에 완공된 셀마 라겔뢰프 센터는 인테리어 설계에서 가구와 자재를 92% 재사용했고, 이를 통해 107만 9,205달러(약 12억 원)를 절감했다. 새 재료 사용과 비교하면 무려 70%나 비용이 줄었다.

2022년 우리나라는 도시 배수 시설 문제로 서울과 같은 대도시에서 큰 인명피해가 발생하는 홍수 재해를 경험했다. 평상시 배수 시설은 아무도 주목하지 않는 시설이다. 단지 폭우가 강하게 쏟아지면서 문제가 됐을 때 그 소중함을 깨닫는다. 실제로 각 지자체가 갖추고 있는 수자원 인프라는 끊임없이 쏟아지는 폭우와 눈보라를 처리할 수 없다. 이를 해결하려면 오래된 물 공장과 탱크, 저수조, 파이프를 바꿔야 하는

데, 이 작업만도 수년에서 수십 년이 걸린다.

이런 상황에서 프랑스 수자원 대기업 베올리아에 속한 베올리아 워터 테크놀로지(Veolia Water Technologies)는 디지털 트윈으로 도시가 예기치 못한 홍수 상황에 대비할 수 있는 새로운 방법을 만들고 있다. 이들은 홍수 모델링, 지속 가능한 배수 설계, 깨끗한 물 분배 및 자원 최적화와 같은 물 회복 탄력성 관리 기술을 구축하기 위해 디지털과 IoT 기술, 예측 분석 기술을 적용하고 있다. BIM과 클라우드 기술도 결합해 사용한다. 이를 통해 홍수 모델링을 개선하고, 배수 설계를 지속 가능하게 만들며, 자원을 최적화해 각 지역의 수도 시설과 수자원을 효율적이고 안전하게 관리할 수 있도록 바꾸고 있다.

현대자동차는 2022년 말 '현대자동차그룹 싱가포르 글로벌 혁신 센터(HMGICS)' 완공에 맞춰 세계 최고 수준의 메타버스 기반으로 디지털 가상 공장을 구축한다는 계획을 세웠다. 스마트팩토리를 메타버스에 그대로 옮긴 '메타팩토리(Meta-Factory)'를 구축해 공장 운영을 고도화하고 제조 혁신을 추진해 스마트모빌리티 기업으로 전환한다는 계획이다.

현대자동차는 메타팩토리 도입으로 실제 공장을 더 고도화해 운영할 수 있을 것으로 기대하고 있다. 메타팩토리로 최적화한 공장 가동률을 산정해 실제 공장 운영에 반영하고, 공장 내 문제 발생 시 신속하

현대자동차는 스마트팩토리를
메타버스에 그대로 옮긴
디지털 가상 공장
'메타팩토리'를 구축할
계획이다. 그림은
현대자동차의 스마트팩토리
개념도. ©현대자동차

게 원인을 파악해 문제를 실시간으로 원격에서 해결한다는 방침이다.

2021년 12월 네이버랩스는 '아크버스'라는 자체 디지털 트윈 기술을 소개하고 상용화를 추진한다고 선언했다. 2022년 2월에는 카카오모빌리티가 2022년을 디지털 트윈 원년으로 삼겠다고 밝혔다. 이들은 자율주행 서비스 구현에 디지털 트윈이 필요하다고 보고, 이를 이용해 자율주행 생태계를 주도한다는 생각이다.

또 현실의 건물과 도로, 물체를 가상세계에 그대로 복제하고 실시간으로 업데이트하는 디지털 트윈 기술을 이용해 고정밀지도를 완성한다는 방침도 세우고 있다. 고정밀지도는 자율주행차량이 다른 차, 사람, 건물과 충돌을 피하는 데 필요한 모든 정보인 주변 물체 위치, 크기, 형태, 움직임, 도로 차선 위치, 신호등, 교통표지판 등을 3차원으로, 센티미터(㎝) 단위로 세밀하게 보여준다. 이에 고정밀지도는 자율주행 인공지능(AI)을 위한 내비게이션이라 불린다.

복잡하고 기술 과잉 초래 위험도

아론 패럿과 레인 워쇼는 표1과 같이 디지털 트윈 기술을 활용하면 품질 향상과 운영 비용 절감, 신제품 도입 기간 단축, 매출 성장 등으로 다양한 측면에서 사업 가치를 높일 수 있다고 언급했다. 그러면서 이들은 디지털 트윈이 제공하는 사업적 가치를 고려할 때 기업은 제품 성능의 지속적 개선, 설계주기 단축, 새로운 수익 흐름 잠재력 발굴, 제품 보증 비용 관리 개선과 같은 전략적 성과 및 시장 동역학과 관련된 문제에 초점을 맞춰야 한다고 지적했다. 디지털 트윈이 실현할 수 있는 광범위한 비즈니스 가치에 이러한 전략적인 항목이 영향을 미치며 구체적 활용방안이 될 수 있다는 이유에서다.

디지털 트윈은 물리적 자산에서 발생하는 상황을 실시간으로 파악할 수 있어 유지보수 부담을 크게 줄일 수 있다. 지멘스 관계자는 아직 제조되지 않은 제품을 디지털 트윈으로 모델링하고 프로토타입을 제작하

디지털 트윈의 사업 가치

사업 가치의 범주	구체적인 잠재적 사업 가치
품질	• 전반적 품질 향상 • 품질 경향을 예측하고 더 빨리 결함을 발견 • 품질 기준 이탈을 통제하고 품질 문제의 시작 시점 파악 가능
품질 보증 비용 및 사후 서비스	• 현장에서의 장비 활용 방식을 이해해 좀 더 효율적인 서비스 제공 • 더 정확하게 보증 및 불만 관련 문제를 사전에 파악해 전반적인 품질보증 비용을 절감하고 고객 경험을 개선
운영 비용	• 제품 설계 및 엔지니어링 변경 실행의 개선 • 제조 장비의 성능 개선 • 운영 및 공정의 변동성 축소
기록 보존 및 직렬화 (serialization)	• 직렬화된 부품 및 원재료의 디지털 기록을 생성해 리콜 및 품질보증 불만 제기를 더 잘 관리하고 의무화된 추적관리 요건을 충족
신제품 도입 비용 및 리드타임(상품 생산 시작부터 완성까지 걸리는 시간)	• 신제품의 시장 출시 기간 단축 • 신제품의 전반적 제조비용 감소 • 긴 리드타임을 가진 부품들과 공급사슬에 대한 영향을 더 잘 인식
매출 성장 기회	• 업그레이드 준비가 된 현장의 제품을 파악 • 서비스 제품의 효율성 및 비용 개선

ⓒ 딜로이트 애널리시스

면 제품 결함을 줄이고 출시 기간을 단축할 수 있다고 말했다.

지멘스 디지털 인더스트리 소프트웨어 자동차와 운송 산업 부문 낸드 코하르(Nand Kochhar) 부사장은 〈MIT 테크놀로지 리뷰〉와 인터뷰에서 "(디지털 트윈 기술을 이용해) 일부 기업들이 프로토타입 제작 단계를 없애고 제품 설계 이후 바로 생산을 시작하는 방식을 목표로 하고 있다"고 설명했다. 또 코하르 부사장은 자동차 제조와 관련해 "일반적인 제품 개발 주기는 6년에서 8년 사이였는데, 자동차 업계는 연구를 계속해 이를 18개월에서 24개월로 줄였다"면서 "자동차 제조도 점점 더 소프트웨어에 의존하고 있어 (디지털 트윈을 포함한 소프트웨어가) 제품 개발 주기를 결정하는 중요 요인"이라고 말했다.

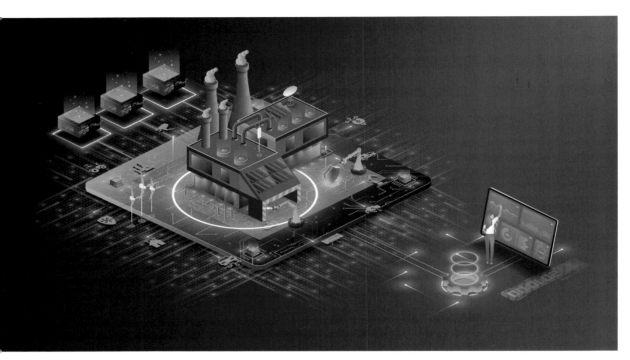

디지털 트윈은 제조업을 비롯해
환경, 안전 등 여러 분야에
도입되고 있다. ©gettyimages

하지만 디지털 트윈이 장점만 있는 것은 아니다. 가트너는 디지털 트윈이 항상 필요하지는 않으며, 불필요하게 복잡성을 키울 수 있다면서 특정 비즈니스에서 디지털 트윈은 기술 과잉이 될 수 있고, 비용과 보안, 개인정보보호, 통합에 대한 우려도 있다고 경고했다.

이처럼 아직까지 디지털 트윈은 이를 활용하는 데 제한이 적지 않은 기술이다. AI와 빅데이터, 머신러닝, 예측형 애널리틱스를 비롯한 다양한 기술에 대한 전문 지식이 필요하다. 현재 디지털 트윈 기술을 대형 기업에서 주도하는 이유이기도 하다.

디지털 트윈은 제조업에서 시작해 실제로 똑같은 쌍둥이 모형을 제공하며 계속 확산하고 있다. 제조업뿐만 아니라 교통, 의료, 환경, 안전 등 여러 산업 분야에서 도입 사례가 증가하면서 연구개발 또한 활발하다. 이처럼 디지털 트윈은 여러 가지 한계에도 불구하고 기술과 응용성에서 오는 강점 덕분에 산업 전반에 보편적으로 활용될 것으로 보인다.

특히 최근에는 가상현실과 증강현실, 혼합현실이 디지털 트윈 기술과 결합하면서 메타버스로 재탄생하고 있다. 메타버스에서는 사람이 아바타 형태로 실생활 같은 가상현실 속에서 사회적 활동과 경제적 활동을 동시에 수행할 수 있도록 한다. 여기에 함께하는 디지털 트윈은 현실과 메타버스 속 세상을 상호 보완해, 메타버스 속에서 더 현실감 있는 가상 세계를 체험하고, 현실에서는 메타버스 속 세상 경험을 이어갈 수 있도록 할 수 있다.

이처럼 디지털 기술의 발달은 디지털 트윈 기술의 진화를 부르며, 이를 통해 우리는 현실세계와 가상세계의 구분이 더욱 모호해지는 미래를 만나게 될 것으로 보인다. 계속 진화하는 디지털 트윈이 우리를 어떤 미래로 데리고 갈지 사뭇 기대된다.

08

합성생물학

ISSUE 8 생명과학

오혜진

서강대에서 생명과학을 전공하고, 서울대 과학사 및 과학철학 협동과정에서 과학기술학(STS) 석사 학위를 받았다. 이후 동아사이언스에서 과학기자로 일하며 과학잡지 「어린이과학동아」와 「과학동아」에 기사를 썼다. 현재 과학전문 콘텐츠기획·제작사 동아에스앤씨에서 기자로 일하고 있다.

합성생물학으로 인류의 난제 해결할까?

킹코바이오웍스에 있는
차세대염기서열분석(NGS)장치.
합성생물학 기술을 이용해
mRNA 백신을 개발하는 데
중요한 역할을 했다. ⓒGinkgo

걷잡을 수 없이 퍼지던 코로나19의 확산세를 꺾은 것은 백신의 개발 덕분이었다. 보통 백신을 만드는 데는 10년 이상의 긴 시간이 필요한데, mRNA 백신은 개발하는 데 1년이 채 걸리지 않았다. 긴급한 상황과 여러 조건이 맞아떨어진 것도 있지만, 이렇게 상상하지 못할 정도의 빠른 속도로 백신을 개발하고 대량으로 생산할 수 있었던 데에는 '합성생물학' 기술과 이를 구현하는 '바이오파운드리'의 덕이 컸다. 신속하게 바이러스 DNA의 염기서열을 분석한 과학자들은 백신을 설계한 뒤 합성생물학 기술을 활용해 mRNA를 합성했다. mRNA 백신 제조사 중 하나였던 모더나는 미국의 합성생물학 기업 '킹코 바이오웍스'와 협력해 수많은 mRNA를 신속하게 대량으로 합성할 수 있는 자동화 시스템을 갖출 수 있었다.

코로나19 대유행을 극복하는 데 숨은 공신이었던 합성생물학은 최근 많은 국가의 관심 대상이기도 하다. 합성생물학이 앞으로의 경제와 산업 구조에 미칠 파급력을 인식한 미국, 영국, 중국 등의 주요 국가들은 합성생물학 기술을 선도하고 관련 산업을 선점하기 위해 치열한 패권 경쟁을 벌이고 있다. 미국은 2021년 제정한 '미국혁신경쟁법'에 합성생물학을 10대 핵심기술 중 하나로 선정했고, 한국도 2022년 12대 국가전략기술 중 바이오 분야의 핵심기술로 합성생물학을 지정하면서 2028년까지 3,000억 원을 투자해 바이오파운드리를 구축하겠다고 밝혔다. 합성생물학 기술이 대체 무엇이기에 이렇게 앞다퉈 투자하려고 하는 걸까. 합성생물학에 대해 알아보자.

공학적 관점에서 생명을 다루는 것

합성생물학은 아직 명확히 합의된 정의는 없지만, 일반적으로 생명의 구성 요소나 장치, 시스템을 새롭게 설계하고 제작하거나, 기존의 생명 시스템을 사용자의 목적에 맞게 재설계하는 학문 분야를 말한다. '설계'와 '제작', '장치' 같은 말에서 알 수 있듯이 합성생물학은 생명체와 생명 시스템에 공학적 관점을 적용하는 분야다. 공학은 원리를 찾아내

합성생물학 연구 과정에서 DNA 합성은 제조(Build) 단계에 해당한다. 사진은 DNA 합성을 하는 장면. ⓒGinkgo

는 과학과 달리, 잘 확립된 이론을 바탕으로 효율적인 메커니즘을 구성해 실질적인 효용을 얻는 학문이다.

물리학이나 화학은 어떤 현상이 발견되면 수학과 같은 틀을 통해 단순화나 일반화를 할 수 있었다. 그래서 공학으로 발전해 산업에 활용되기가 쉬웠다. 하지만 생명체는 매우 복잡하고 또 다양했다. 그래서 생명과학은 다른 과학들처럼 산업 현장에서 보편적으로 활용할 수 있는 공학으로 발전하기가 쉽지 않았다.

그런데 DNA가 발견되고 그 구조와 기능이 밝혀지자 생명과학도 일반화·표준화를 할 수 있는 길이 열렸다. 컴퓨터가 0과 1의 이진법으로 작동하듯이 생명의 암호는 DNA라는 화학물질에서 비롯되며, DNA는 A(아데닌), G(구아닌), C(사이토신), T(티민)라는 네 가지 염기의 조합만으로 생명 정보를 만들어낸다. 이 정보는 다시 RNA를 통해 복제되고, 단백질이라는 최종 산물로 생명 시스템이 작동한다. '센트럴 도그마'라고 하는 생명체의 작동 방식은 복잡하고 다양한 생명현상을 DNA와 이를 구현하는 시스템으로 단순화할 수 있도록 만들었다.

1961년에는 프랑수아 자코브와 자크 모노가 대장균에서 젖당 오페론의 조절 메커니즘을 발표했는데, 이는 유전자 발현과 생명현상을 기계적인 관점에서 분석할 수 있는 시작이 되었다. 젖당 오페론은 젖당 대사에 관여하는 효소들이 조절되는 메커니즘에 관여하는 유전자군이다. DNA 내에서 암호화된 유전자군과 이들을 조절하는 조절 부위가 기계처럼 기능적인 모듈로 분리되며, 젖당의 존재 여부에 따라 이들 사이의 상호작용으로 관련 효소들의 전사와 생산이 이뤄진다. 젖당 오페론의 발견은 복잡하다고 생각했던 유전자의 발현과 조절이 마치 컴퓨터 프로그램의 알고리즘처럼 논리적인 순서로 정리되며, 이를 분석하거나 설계할 수 있다는 관점을 갖도록 만들어 주었다.

물론 모든 생명현상이 젖당 오페론처럼 단순화되기는 어려웠다. 늘 그렇듯 생명체에는 예외가 많았고, 연구가 거듭될수록 생명현상이 더 복잡하다는 사실을 알게 됐기 때문이다. 특히 진핵생물의 경우 유전

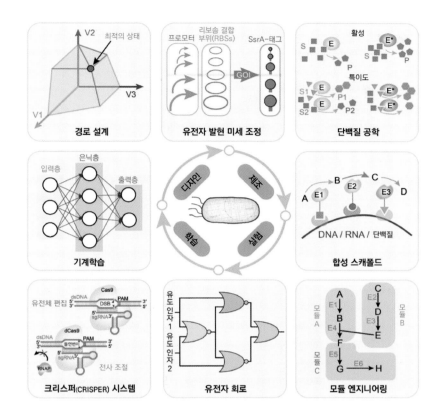

경로 설계

유전자 발현 미세 조정

단백질 공학

기계학습

합성 스캐폴드

크리스퍼(CRISPER) 시스템

유전자 회로

모듈 엔지니어링

합성생물학에서 이용되는 기술들. ⓒFuture Foods

자 발현 과정에 영향을 주는 요소가 매우 많았다. 생명현상을 온전히 이해하려면 이러한 관계를 일일이 고려해야 했다. 아직 기술이 발달하지 않아 일일이 수작업으로 실험을 진행해야 했기에 당시까지만 해도 재현이 어렵고 변수가 많은 생명체는 아직 쉽게 다룰 수 있는 대상이 아니었다.

그런데 1970년대 이후부터 제한 효소가 발견되고, 중합효소연쇄반응(PCR)으로 DNA를 자르거나 증폭할 수 있게 되면서 DNA 재조합 기술이 크게 발전했다. 또 1990년대부터 시작된 인간 유전체 프로젝트(Human Genome Project) 덕분에 DNA의 염기서열을 자동으로 분석하는 기술이 급속도로 발전했다. 생명공학 기술의 발달로 과학자들은 실험과 컴퓨터 계산으로 방대하고 복잡하지만 생명현상도 공학처럼 '모듈

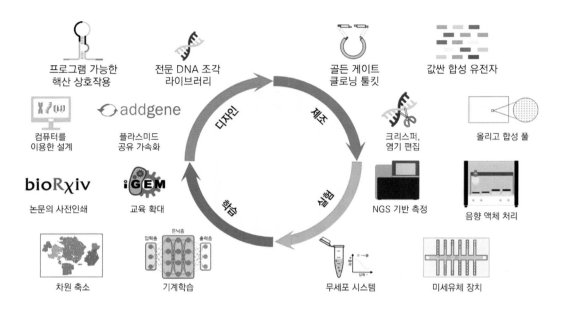

프로그램 가능한
핵산 상호작용

전문 DNA 조각
라이브러리

골든 게이트
클로닝 툴킷

값싼 합성 유전자

컴퓨터를
이용한 설계

addgene

플라스미드
공유 가속화

디자인

제조

크리스퍼,
염기 편집

올리고 합성 풀

bioRχiv

논문의 사전인쇄

iGEM

교육 확대

학습

검증

NGS 기반 측정

음향 액체 처리

차원 축소

기계학습

무세포 시스템

미세유체 장치

지난 10년간 합성생물학을
가속화한 새로운 기술 및 작업
방식. ⓒNature

화'를 할 수 있게 됐다. 유전자의 발현 과정을 모듈로 나눠, 모듈과 모듈 사이의 상호작용으로 생명 시스템을 이해하게 된 셈이다. 그리고 이를 조정하거나 재배치함으로써 생명현상을 설계할 수 있다고 생각하기 시작했다. 즉 DNA와 RNA, 단백질, 대사물질 등을 생체 '부품'으로 생각하고, 이 부품이 모여 전자 회로처럼 '유전자 회로'를 구성한다. 이들이 모여 더 복잡한 기능을 수행하는 모듈을 만들고, 각 모듈을 특정 방식으로 연결하면 원하는 기능을 수행하는 생명체 혹은 시스템을 만들 수 있다는 뜻이다.

실제로 합성생물학의 연구 과정은 반도체나 자동차의 제조 공정처럼 'DBTL'로 진행된다. DNA나 대사 경로를 설계하는 디자인(Design), 설계도를 통해 자동화된 장비로 DNA를 합성하는 제조(Build), 제조한 DNA의 성능을 분석하는 실험(Test), 앞 단계의 데이터와 경험을 수집하고 개선해야 할 부분을 도출하는 학습(Learn) 단계로 이뤄진다.

합성생물학 연구의 역사

본격적인 합성생물학 연구의 시작으로는 2000년 1월 20일 국제학술지 「네이처」에 실린 두 논문이 꼽힌다. 합성생물학자들은 전자 회로처럼 유전자 발현을 조절하는 인자들과 DNA 서열 등을 유전자 회로로 구성해 유전자 발현을 설계하고 제어하는 아이디어를 냈다. 미국 프린스턴대 연구팀은 대장균의 유전자 발현을 진동 형태로 조작할 수 있는 유전자 회로를 설계했고, 미국 보스턴대 연구팀도 대장균을 이용해 간단한 화학물질과 온도 자극으로 유전자 발현을 켜거나 끌 수 있는 유전자 토글 스위치를 만들었다.

2003년에는 드루 엔디 미국 스탠퍼드대 생명공학과 교수가 장난감 레고에서 영감을 받아 '바이오브릭'이라는 아이디어를 발전시켰다. 여러 개의 레고 블록을 쌓아 커다란 하나의 작품을 만드는 것처럼, 유전자 발현에 역할을 하는 DNA 조각들이 모여 하나의 장치를 만들고 이 장치가 대장균과 같은 살아 있는 생명체나 세포에 통합되어 새로운 생물학적 시스템을 구성할 수 있다고 생각한 것이다. 여기서 DNA 조각들은 프로모터(RNA 합성효소와 각종 단백질이 결합해 RNA를 전사하는 시작 부위), 리보솜 결합 부위, 유전자를 암호화하고 있는 서열 등이 해당되며, 이를 바이오브릭 '부품'이라고 한다. 바이오브릭 재단 웹사이트에는 현재 2만 개 이상의 바이오브릭 부품이 등록돼 있으며 누구나 무료로 이용할 수 있다. 각 바이오브릭 부품을 조합해 컴퓨터에서 작동 여부를 시뮬레이션하고, 이를 실제로 생물에 넣어 결과를 확인해볼 수 있다.

합성생물학적 시도를 가장 성공적으로 이뤄낸 사례는 말라리아 치료제인 '아르테미시닌'을 대량으로 생산할 수 있도록 고안해 낸

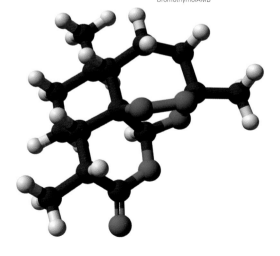

말라리아 치료제인 아르테미시닌의 분자 구조. 아르테미시닌의 대량 생산법 개발은 합성생물학적 시도를 가장 성공적으로 이뤄낸 사례다. ©wikipedia/ BromothymolAMB

것이었다. 한국에서는 드물지만, 말라리아는 매년 전 세계적으로 60만 명 이상의 사망자가 발생하는 위험한 감염병이다. 이 질병은 말라리아 원충에 감염된 모기에게 물려 일어난다. 말라리아 원충이 사람의 혈액 내로 들어가면서 간에서 성장하고, 잠복기가 끝나면 적혈구를 파괴해 발열과 같은 증상이 나타난다. 말라리아 치료제로 키니네, 클로로퀸 등이 개발됐지만 이에 대한 내성 말라리아가 등장해 더 강력한 치료제가 필요하게 됐다. 이에 중국의 재야 과학자 투유유는 개똥쑥이라는 식물이 만들어내는 아르테미시닌이 말라리아 치료에 효과적이라는 사실을 밝혀냈다. 그는 이 공로로 2015년 노벨 생리의학상을 수상했다.

그런데 아쉽게도 개똥쑥에서 얻을 수 있는 아르테미시닌의 양이 매우 적었다. 설상가상으로 아르테미시닌은 화학구조도 꽤 복잡해 수십 단계의 합성을 거쳐야 했다. 그래서 제조 비용이 너무 많이 들어 치료제를 생산하는 데 어려움을 겪고 있었다.

2006년 제이 키슬링 미국 UC버클리 화학및분자생물공학 교수 연구팀은 합성생물학을 이용해 이 난관을 해결했다. 효모(*Saccharomyces cerevisiae*)의 대사경로를 조작해 아르테미시닌의 전 단계 물질(전구체)인 아르테미신산을 대량으로 생산하도록 만든 것이다. 연구팀은 총 12개의 유전자를 조작해 10가지의 효소 생합성 경로를 만들어 효모가 아르테미신산을 합성하도록 했다. 이후 아르테미신산을 최종 아르테미시닌으로 바꾸는 과정은 합성하기 쉬웠기 때문에 기존처럼 화학적 합성만으로 충분했다. 이 논문이 발표된 7년 후 실제로 이 방법을 적용한 아르테미시닌의 대규모 생산이 가능해졌다.

이렇게 유전자 시스템을 바꿔 원하는 기능을 가진 생명체를 만드는 합성생물학의 방식을 '톱다운(Top-down)'이라고 한다. 그런데 거꾸로 생명체의 구성 요소를 하나하나 결합해 새로운 인공 생명 시스템(인공 세포)을 만드는 '보텀업(Bottom-up)' 방식의 합성생물학 연구도 있다.

톱다운 방식에서 보텀업 방식까지

보텀업 방식의 합성생물학 연구로 가장 유명한 곳이 미국의 합성생물학자 크레이그 벤터가 이끄는 크레이그 벤터 연구소다. 크레이그 벤터는 생명체가 살아가는 데 필요한 최소 유전자 수에 관심을 갖고 있었다. 그래서 최소한의 유전체만을 가진 인공 생명체를 만들어 생명의 기원이나 생명체에 대한 이해를 더 넓히는 것을 목표로 연구를 진행했다. 2010년 크레이그 벤터 연구팀은 세계 최초로 '마이코플라스마 마이코이데스 JCVI-syn1.0'이라는 인공 생명체를 만들었다고 발표했다. 연구팀은 실험실에서 DNA를 화학적으로 합성해 마이코플라스마 마이코이데스(*Mycoplasma mycoides*)라는 세균의 유전체 염기서열대로 조립했다. 그리고 또 다른 세균인 마이코플라스마 카프리콜럼(*Mycoplasma capricolum*)의 유전체를 제거한 뒤 이 합성 유전체를 이식했다. 쉽게 말해 유전체를 바꿔치기한 것이다. 그런 의미에서 온전한 생명 창조라고 보기는 어렵지만, 어쨌든 이 인공 생명체는 성장과 복제가 가능했다.

크레이그 벤터 연구팀이 만든
인공 생명체 'JCVI-Syn3.0'.
©Science

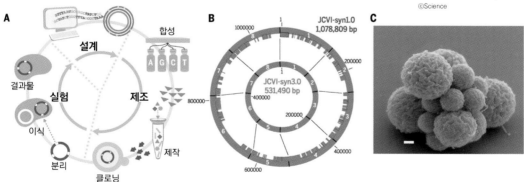

2016년 3월 벤터 연구팀은 이 인공 생명체의 업그레이드(?) 버전인 'JCVI-syn3.0'을 만들었다. JCVI-syn1.0은 985개의 유전자를 갖고 있었는데, JCVI-syn3.0은 그보다 절반이 적은 473개 유전자로도 대사와 생식이 가능했다. 하지만 이 생명체에게도 문제가 있었다. 세포 분열

시 딸세포의 모양과 크기가 들쭉날쭉했다. 연구팀은 유전자를 하나씩 추가하고 삭제해보면서 어떤 유전자가 어떤 기능을 하는지 확인하고, 세포 분열에 관여하는 유전자 7개를 포함해 총 19개의 유전자를 추가한 'JCI-syn3A'를 2021년 3월 공개했다. 이 생명체는 균일한 형태와 크기로 분열했다. 진정한 의미에서 최소 생명체가 탄생한 것이다.

진핵세포의 경우 '합성 효모 2.0(Synthetic Yeast 2.0)'이라는 프로젝트를 통해 효모가 가진 16개 염색체를 모두 합성하는 연구를 진행하고 있다. 2017년 조엘 베이더 미국 존스홉킨스대 생명의료공학과 교수가 이끄는 연구팀은 6개의 효모 염색체를 인공적으로 합성하는 데 성공했다. 연구팀이 합성한 유전체는 실제 효모 유전체의 8% 수준으로 생명 활동에 꼭 필요한 유전자만 포함됐지만, 연구팀은 향후 몇 년 사이에 나머지 염색체도 합성해 완성된 인공 유전체를 살아 있는 효모에 넣겠다는 야심 찬 계획을 갖고 있다.

이렇게 보텀업 방식으로 인공 생명체를 연구하는 과학자들의 목표는 모든 유전자의 역할을 파악해 생명체에 관한 완벽한 모델을 만드는 것이다. 아직은 갈 길이 멀지만, 이 연구가 발전한다면 생명 유지에 필요한 최소한의 유전자만 가진 생명체를 만들어 에너지 소모는 줄이고 원하는 물질은 대량으로 생산하도록 하는 미생물을 개발할 수 있을 것이다.

바이오파운드리로 탄력받아 다양한 분야에서 연구

합성생물학은 불과 수십 년밖에 되지 않은 최신 학문이지만 최근 기하급수적으로 성장하고 있다. 우선 크리스퍼 유전자 가위의 등장으로 유전자 편집 기술이 발전해 맞춤형 유전자 조절이 가능해졌다. 또 DNA 염기서열 분석과 DNA 합성 비용이 획기적으로 낮아지면서 원하는 유전자를 동시에 여러 개 설계해 제작하는 일도 매우 쉬워졌다. 최근에는 로봇과 인공지능(AI) 등의 기술이 합성생물학에 도입되는 '바이오파운

농업 기반 식량 생산

고기　우유　달걀　감미료　조미료　맥주

합성생물학 기반 식량 생산

경제적　시간절약　효율적　지속가능　안정적

식품 산업에서 합성생물학이
활용될 수 있는 사례와 그 장점.
ⓒFuture Foods

드리'가 구축되면서 합성생물학은 더욱더 탄력을 받고 있다. DNA 합성 및 조립부터 제작된 바이오 시스템 테스트까지 일련의 바이오 실험이나 제조 공정이 자동화되고 고속화되어 기존에는 불가능했던 엄청난 속도와 효율성으로 연구를 할 수 있게 됐다.

　　합성생물학은 다양한 분야에서 연구되고 있다. 특히 환경이나 식량, 의료 등에 관련해 인류가 직면한 많은 난제를 해결해 줄 대안으로 각광 받고 있다. 한정된 자원에서 얻을 수 있는 물질을 미생물을 활용하면 경제적으로 생산할 수 있어 자원 순환에 혁신을 일으킬 수 있기 때문이다. 합성생물학의 대표적인 활용 분야들을 만나보자.

　　우선 과학자들은 주위 환경에서 중금속이나 독소 등의 물질을 감지하는 '바이오센서'로 합성생물학을 활용하려는 연구를 진행하고 있다. 세균은 대사 활동에 필요한 신호를 전달하기 위해 수백 개의 단백질을 사용하는데, 이를 이용해 특정 화학물질을 감지하는 미생물 바이오센서를 개발하는 것이다. 예를 들어 2017년 이스라엘 예루살렘 히브리대 연구팀은 지뢰를 감지하는 세균을 만들어 국제학술지 「네이처 바이오테크놀로지」에 발표했다. 땅에 묻힌 지뢰나 불발탄에 화약이 들어 있고, 이 중 일부는 아주 적은 양이지만 증기로 새어 나와 토양에 축적된다. 연구팀은 이 점에 착안해, 화약에서 새어 나온 증기와 접촉하면 형광 신호를 내는 세균을 만들었다. 그리고 이 세균들을 캡슐 안에 넣고 실제 지뢰가 묻힌 장소에 뿌려 원격으로 형광 신호를 찾아 지뢰 매설 위치를 찾아냈다.

2020년 한국생명공학연구원 연구팀도 AI와 미생물을 결합해 페놀과 같은 유해물질을 식별하는 기술을 개발했다. 채취 시료를 여러 개의 미생물 바이오센서에 반응시키고, 수집된 반응 패턴을 인공지능이 판별해 시료에 어떤 유해물이 얼마나 있는지 알아내도록 만든 것이다. 연구팀의 실험 결과, 11개의 유해물을 최대 약 95.3%의 정확도로 식별할 수 있었고, 매우 적은 양으로도 검출이 가능했다. 연구팀은 이 기술을 토양, 물, 농산물뿐만 아니라 생체 내의 유해물질을 모니터링하는 데도 활용할 수 있을 것으로 기대했다.

합성생물학을 활용한 소재도 생산되고 있다. 미국의 스타트업 '자이머젠'은 바이오 기반 단량체를 이용한 폴리이미드 필름 '하이얼린(Hyaline)'을 개발했다. AI를 활용해 최적화로 조작된 균주를 선별하고, 이 균주들로 디아민 단량체를 합성했다. 기존의 폴리이미드는 안정적이라 많은 곳에 쓰이지만, 착색이 돼 투명한 장치에서는 쓸 수 없다는 단점이 있었다. 하이얼린은 투명하고 유연하며 기계적으로 견고해 폴더블 스마트폰 및 웨어러블 전자 장치와 같은 유연한 전자 장치에 적합하다.

식품, 합성 비료, 치료제까지 활용

합성생물학은 식품 산업에서도 변화를 일으키고 있다. 특히 식품 산업이 가진 환경 문제와 동물 복지를 해결할 대안으로 떠오르고 있다. 가축을 키워 육류를 생산하는 기존의 방식은 수질오염, 대기오염뿐만

임파서블 푸드 연구팀이 개발한 대체육으로 만든 햄버거 패티. 합성생물학 기술로 대량 생산한 레그헤모글로빈에서 고기 맛을 내는 헴을 추출해 패티를 만들었다. ©Impossible Foods

아니라 탄소 배출 등 각종 환경 문제도 일으킨다. 과학자들은 이를 해결하고자 합성생물학 기술을 이용해 더 효율적으로 자원을 사용하면서 기존의 농업 및 축산업의 단점을 해결하려고 한다.

대표적인 것이 대체육이다. 가장 유명한 대체육 개발업체는 2011년 패트릭 브라운 미국 스탠퍼드대 생화학과 교수가 설립한 스타트업인 '임파서블 푸드'다. 임파서블 푸드는 고기나 유제품, 생선 등 다양한 동물성 식품을 대체하기 위해 식물을 기반으로 한 식품을 개발하고 있다. 콩으로 고기 패티를 만든 '임파서블 버거'가 대표적인 제품이다.

임파서블 버거 패티의 핵심은 '헴(heme)'이다. 헴은 적혈구의 헤모글로빈을 구성하는 물질이다. 임파서블 푸드 연구팀은 연구를 통해 고기 맛을 내는 데 헴이 중요하다는 사실을 알아냈다. 헴이 산소와 결합해 고기 특유의 붉은색과 향, 맛을 내기 때문이다. 하지만 임파서블 푸드는 버거의 모든 재료를 식물을 기반으로 만들기를 원했기 때문에 고기에서 헴을 추출할 수는 없었다.

연구팀은 콩 뿌리에 있는 헴을 이용하기로 했다. 혈액에 있는 헤모글로빈처럼 콩과식물에는 레그헤모글로빈이 있는데, 여기에도 헴이 있다. 임파서블 푸드 연구팀은 합성생물학 기술을 이용해 레그헤모글로빈을 대량으로 생산하는 효모를 만들었다. 여기서 추출한 헴과 다른 식물성 성분으로 만들어진 임파서블 버거의 패티는 기존 소고기 패티에 비해 토지를 96% 덜 쓰고, 온실가스는 89% 저감하는 효과가 있다.

합성생물학을 이용한 '대체 우유'도 시판을 앞두고 있다. 미국의 스타트업 '퍼펙트데이'는 우유 단백질 합성 유전자를 끼워 넣은 미생물을 이용해 우유의 핵심 성분인 유청 단백질을 대량으로 생산하는 기술을 개발했다. 이렇게 만들어진 대체 우유는 소를 키울 필요가 없어 같은 양의 우유 단백질을 생산할 때보다 온실가스 배출량을 97%, 물 소비를 99%, 에너지를 60% 각각 절약할 수 있다.

농업에서도 합성생물학은 생산량 증진, 병충해 저항성, 스트레스 내성 작물 개발 등을 위해 연구되고 있다. 가장 대표적인 사례는 미국 기업 '피봇바이오'가 개발한 생물학적 질소 비료 '프로벤(PROVEN)'이다. 질소는 식물의 성장에 필수적이지만, 토양에 충분하지 않다. 그래

미국 기업 '피봇바이오'가
개발한 생물학적 질소 비료
'프로벤(PROVEN)'. ©Pivot Bio

서 농부들은 수십 년 동안 토양의 질소를 보충해 수확량을 늘리고자 화학적으로 합성한 질소 비료를 사용해왔다. 하지만 질소 비료를 생산하는 과정은 전 세계 에너지 소비의 1~2%를 차지하고, 과도한 비료 사용은 환경과 인간의 건강에 치명적인 영향을 미칠 수 있다.

피봇바이오는 '콩과식물 뿌리에 사는 질소고정 세균처럼, 옥수수나 밀 같은 주요 식량 작물도 자체적으로 질소를 사용할 수 없을까' 하는 아이디어를 생각해냈다. 그리고 옥수수 뿌리와 결합해 스스로 질소를 고정할 수 있는 세균(Y-프로테오박테리움(KV137))을 만들고 이를 비료로 제작했다. 분말 형태의 이 미생물 비료를 토양에 뿌리면 미생물이 지속적으로 대기 중의 질소 분자를 식물이 성장하고 생산하는 데 필요한 암모늄 이온(NH_4^+) 형태로 바꿔준다. 피봇바이오는 미생물을 이용한 생물학적 비료는 화학비료와 달리 토양이나 지하수로 유출될 일이 없고, 온실가스인 아산화질소(N_2O)가 방출될 일도 없어 환경오염을 예방하고 지속가능한 농업을 할 수 있다고 소개한다. 이런 장점 덕분에 프로벤 비료는 2020년 '타임' 지가 선정한 최고의 발명품에 선정되기도 했다.

합성생물학은 질병 치료에도 혁신을 가져오고 있다. 먼저 앞서 설명한 아르테미시닌의 대량 생산처럼 미생물을 활용해 원하는 약물의 생산성을 높일 수 있다. 하지만 과학자들은 합성생물학 기술을 단순히 생산성 향상에만 활용하는 데 그치지 않는다. 현재 합성생물학 기술은 인간의 질병을 유전 정보를 읽고 해석하는 단계를 넘어, 편집하고 재조합해 치료에 응용하는 단계까지 발전했다.

최근 과학자들은 세포나 미생물을 이용한 '살아 있는 약물(living therapeutics)'을 개발하고 있다. 화학적으로 합성한 화합물(약)이 아니라, 세포나 미생물의 유전자 회로를 변형시켜 특정 질병을 직접 진단하고, 약물을 생산해 치료까지 할 수 있도록 만드는 것이다. 예를 들어 대장에 염증이 생겼을 때 만들어지는 물질을 미생물이 감지해 질병 여부를 진단할 수 있다. 또 체내로 들어간 미생물이나 세포가 암세포만이 특

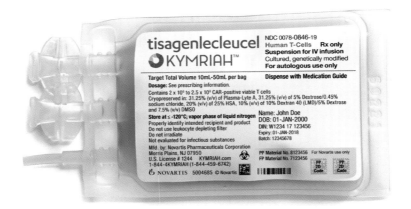

노바티스에서 개발한 백혈병 치료제 '킴리아'. FDA의 승인을 받은 최초의 합성생물학 기반 백혈병 치료제다. ⓒNovartis

징적으로 발현하는 물질을 감지해 정상 세포에는 영향을 주지 않고 암 세포만 공격할 수 있다. 주변 환경을 감지해 스스로 활성화되는 위치와 시기를 제어하고, 치료가 끝나면 스스로 사멸하게 만들 수도 있다.

여러 질병에서 살아 있는 약물을 활용한 치료제가 개발되고 있는데, 이 중 2017년 다국적 제약회사인 노바티스의 '킴리아'는 미국식품의약국(FDA)의 승인을 받은 최초의 합성생물학 기반 백혈병 치료제다. 암 환자의 혈액에서 T세포를 추출한 뒤, 이 T세포에 암세포를 항원으로 인식하는 수용체(CAR)를 발현하도록 세포를 유전적으로 변형한다(CART-T세포). 이 T세포를 다시 환자에게 주입해 암세포를 죽인다. 킴리아는 1회 투여만으로도 우수한 치료 효과를 보이지만, 건강보험을 적용받지 않으면 1번 치료를 받는 데 3억 6,000만 원의 엄청난 비용이 든다는 것이 아직 큰 한계다. 이 외에도 합성생물학은 바이오 연료, 바이오 플라스틱 같은 생분해성 소재 생산, 기능이 개선된 새로운 단백질(효소) 생산 등에 무궁무진한 활용이 가능하다.

생물안전, 생물안보, 생명윤리는 생각해 봐야

기술은 좋은 의도로 개발됐더라도 얼마든지 나쁜 의도로 사용될 가능성이 있다. 이를 '이중 용도'의 위험성이라고 한다. 원자력 기술이 에너지 생산에 쓰이기도 하지만, 핵무기에도 악용될 수 있는 것처럼 합성생물학도 마찬가지다. 환경 문제 해결, 질병 치료 등을 통해 인류에게 도움이 될 수도 있지만, 그 반대가 될 수도 있다. 합성생물학이 가진 위험성은 크게 생물 안전성, 생물안보, 생명윤리 영역으로 나눌 수 있다.

우선 합성생물학 기술로 만들어진 인공 생명체들이 실험실 바깥으로 유출될 경우 생물 안전이 위협받을 수 있다. 인공 생명체는 유전적으로 더 나은 방향으로 변형된 상태이기 때문에 실제 환경에서 경쟁할 경우 기존의 종을 몰아낼 가능성이 있다. 인공 생명체가 통제할 수 없게 증식하거나 장기간 살아 있을 경우 지역의 생물군이나 동물군을 교란시켜 생태계나 서식지가 파괴될 수 있고, 이들 자체가 새로운 오염원이 될 수도 있다. 또 합성생물학은 유전자의 흐름에도 영향을 줄 수 있다. 합성생물학으로 변형시킨 DNA가 종의 경계를 넘어 아무런 관련이 없는 종에게 옮겨질 수 있다. 이런 DNA 이동은 바람직하지 않은 형질을 전파시킬 수 있어 유전적 오염의 위험이 있다. 또 예측할 수 없는 새로운 형질을 가진, 전혀 다른 생명체를 출현시킬 가능성도 배제할 수 없다.

아울러 합성생물학은 생물안보 문제를 발생시킬 수 있다. 대부분의 연구자가 합성생물학 분야의 연구 결과나 재료를 온라인으로 공유하고 있기 때문에 관련 정보나 기술을 얻기가 그만큼 쉽다. 누구나 온라인으로 DNA를 합성하거나 주문할 수 있고 관련 장비를 갖출 수 있어 원하는 대로 생명체를 개량할 수 있다. 비용도 적게 들기에 과학자가 아니더라도 아마추어나 일반 사람도 생물 무기(세균, 바이러스 등의 미생물로 만든 살상 무기)를 만들 수 있다. 악용할 마음만 있다면 치명적인 바이러스나 자연계에 존재하지 않는 바이러스, 슈퍼 박테리아 등을 인위적으로 만들어 살포할 수 있다는 뜻이다. 또 의도하지 않았더라도 실험실에서 연구용으로 만들었던 바이러스가 안전 관리 실패로 유출돼 대규모 감염병을 일으킬 위험도 있다.

마지막으로, 생명을 인공적으로 조작한다는 것은 생명을 도구적

합성생물학으로 생물 무기를
만들어 바이오 테러를 일으킬
위험이 있다. ⓒshutterstock

인 수단으로 바라보게 할 수 있어 생명윤리 문제가 불거질 수 있다. 크
레이그 벤터가 2010년 처음 인공 생명체를 발표할 때 '창조'라는 단어를
쓰면서 윤리적 논란을 불러일으켰다. 당시 벤터의 연구 결과는 엄밀히
말하면 창조는 아니었지만, 인간이 생명체를 원하는 대로 변형시킬 수
있다는 것은 그에 따르는 윤리적인 문제와 책임을 심사숙고해야 한다는
뜻이다.

물론 아직 합성생물학은 한계가 많고, 더 많이 발전해야 할 여지
가 남아 있다. 생명체는 매우 복잡하기에 아직도 우리가 모르는 것이 많
다. 유전자 회로가 어떻게 다른 요소와 상호작용할지 완벽하게 예측할
수 없다. 그럼에도 불구하고 합성생물학은 파급력이 엄청난 기술이기에
지금부터 함께 관련 이슈들에 대해 논의를 해 나가며 법과 제도를 마련
해야 한다. 실험실에서 연구한 합성 미생물들은 엄격히 통제하고, 과학
자들은 환경이나 인체에 미치는 영향을 평가하는 방법들을 계속해서 고
안해 나가야 한다. 또 생물 보안과 관련된 기술을 계속 개발해야 한다.
예를 들어 실험실의 특정 조건에서만 자랄 수 있고, 바깥에 유출되면 자라지 못하도록 생명체의 대사를 조절할 수 있다. 합성 유전자를 자손이나 다른 종에게 전달할 수 없게 만들거나, 비상시에 사멸하도록 하는 기술을 개발할 수도 있을 것이다. 합성생물학 기술이 우리가 꿈꾸는 대로 인류의 난제들을 해결하는 훌륭한 대안이 될 수 있도록 모두가 관심을 기울일 필요가 있다.

09

슈퍼컴퓨터

ISSUE 9 컴퓨터공학

이식

서울대학교 화학과를 졸업하고 포항공대에서 전산화학(컴퓨터모델링)으로 박사학위를 받았다. MIT 물리학과, 케임브리지대 캐번디시 연구소, 펜실베이니아대 화학과, 에든버러대 병렬컴퓨팅센터 등에서 연구원 생활을 했다. 2000년부터 한국과학기술정보연구원(KISTI)에 근무해 왔으며 현재 국가슈퍼컴퓨팅본부장으로 일하고 있다. 과학칼럼니스트로 신문과 잡지에 과학기술, 예술, 슈퍼컴퓨터에 대한 글을 쓰고, 대중강연도 열심히 다니고 있다. 과학과 슈퍼컴퓨터와 관련된 TV 프로그램 제작과 언론기사 작성을 자문하고 있으며, 함께 지은 책으로는 《영국 바꾸지 않아도 행복한 나라》, 《명화 속 흥미로운 과학 이야기》, 《슈퍼컴퓨터가 만드는 슈퍼대한민국》, 《철과 함께 하는 시간여행》, 《내일의 과학자를 위한 아름다운 과학시간: 헬로 사이언스》, 《십 대, 미래를 과학하라》 등이 있다.

1초에 100경 번 계산하는 슈퍼컴퓨터의 시대

현재 세계에서 가장
빠른 슈퍼컴퓨터인 미국
오크리지국립연구소(ORNL)의
'프론티어'. ⓒOLCF at ORNL

'슈퍼'란 단어에서 예상할 수 있듯이 슈퍼컴퓨터는 일반적인 개인용 컴퓨터보다 계산속도가 엄청나게 빠르고, 저장공간(메모리, 하드디스크 또는 SSD)의 용량도 아주 크다. 주로 대규모 시뮬레이션 연구에 주로 쓰이던 슈퍼컴퓨터 역시 급격한 변화와 도전을 겪은 한 해였다. 2022년 슈퍼컴퓨팅 분야는 '엑사스케일 + 인공지능 + 양자컴퓨터'로 요약될 수 있다.

엑사스케일 슈퍼컴퓨터의 등장

전 세계에서 가장 빠른 컴퓨터 500대의 순위인 Top500은 매년 2회 발표된다. 2022년 5월 말 발표된 Top500에선 최초의 엑사플롭스 컴퓨터의 등장을 알렸다. 엑사(Exa)는 10^{18}, 플롭스(FLOPS)는 '초당 부동 소수점 연산(FLoating–point Operation Per Second)'을 각각 뜻하므로 엑사플롭스는 1초에 10^{18}번(100경 번)의 실수연산(소수점이 있는 숫자의 연산으로 정수의 연산보다 시간이 더 걸린다)이 가능함을 의미한다. 미국 오크리지국립연구소(Oak Ridge National Laboratory, ORNL)의 프론티어(Frontier) 시스템이 최초의 엑사플로스 컴퓨터의 주인공이다. 프론티어는 2022년 11월에 발표된 Top500에서도 여전히 1위를 지켰다. 프론티어의 실측성능은 1.1엑사플롭스로 1초에 110경 번의 실수연산을 수행할 수 있다. 2위는 일본 이화학연구소(RIKEN)와 후지쯔(Fujitsu)가 2020년 공동 개발한 후가쿠(Fugaku), 3위는 핀란드 과학IT센터(CSC)의 루미(LUMI) 순이다. 엑사급 컴퓨터의 등장으로 1초에 100경 번을 계산할 수 '엑사스케일'의 시대가 본격화한 셈이다. 이를 기념하기 위해서 10월 18일을 '엑사스케일의 날'로 지정했다.

컴퓨터의 성능을 측정하는 여러 가지 방식이 있지만, 이 중 행렬의 곱셈 즉 선형대수 계산 성능이 과학기술 분야에선 가장 중요하다. 이에 미국 테네시대학의 잭 동가라 교수(컴퓨터 업계의 노벨상이라 불리는 튜링상의 2021년 수상자) 등이 만든 수치 선형대수 소프트웨어인 LINPACK(Linear Algebra Package)을 이용해서 성능을 결정한다. 프론티어는 LINPACK 벤치마크에서 1.1 엑사플롭스를 달성함으로써 '공식적인 최초의 엑사컴퓨터' 영예를 차지했다. 프론티어 시스템은 HPE Cray 사와 ORNL에서 공동으로 제작한 것으로 AMD의 CPU와 MI250X GPU로 구성된 하이브리드 시스템이다. 900만 개에 육박하는 계산 코어를 가진 프론티어는 ORNL의 이전 컴퓨팅 시스템인 서밋(Summit)보다 약 7배 빠르다. 전력은 21메가와트를 사용하고 있는데, 이는 300킬로와트씩 7만 가구에서 사용할

미국 테네시대의 잭 동가라 교수. ⓒwikipedia/ICLTSG

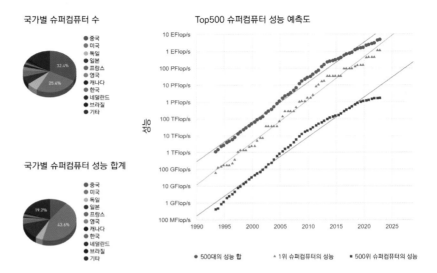

국가별 슈퍼컴퓨터 수

- ● 중국
- ● 미국
- ● 독일
- ● 일본
- ● 프랑스
- ● 영국
- ● 캐나다
- ● 한국
- ● 네덜란드
- ● 브라질
- ● 기타

국가별 슈퍼컴퓨터 성능 합계

- ● 중국
- ● 미국
- ● 독일
- ● 일본
- ● 프랑스
- ● 영국
- ● 캐나다
- ● 한국
- ● 네덜란드
- ● 브라질
- ● 기타

Top500 슈퍼컴퓨터 성능 예측도

- ● 500대의 성능 합
- ▲ 1위 슈퍼컴퓨터의 성능
- ■ 500위 슈퍼컴퓨터의 성능

◀슈퍼컴퓨터 Top500의 국가별 순위

▶슈퍼컴퓨터 Top500의 성능에 대한 역사

수 있는 엄청난 양이다.

국내의 경우 국가센터인 한국과학기술정보연구원(KISTI)과 정부기관인 기상청이 항상 좋은 슈퍼컴퓨터를 보유해 왔다. 2022년 11월 Top500 리스트에는 양 기관 이외에도 삼성전자, SK텔레콤, 광주과기원(GIST), MKO의 슈퍼컴퓨터가 포함되었다. 빅데이터 분석과 인공지능의 중요성이 커지면서 민간기업에서도 슈퍼컴퓨터를 본격적으로 도입하고 있는 것을 확인할 수 있다. 이번 Top500에서 우리나라의 슈퍼컴퓨터는 총 8대가 포함되어 국가별 보유 대수 순위 8위에 랭크되었다.

Top500 순위 중 성능 면에서는 미국이 43.6%, 일본이 12.8%, 중국이 10.6%를 각각 차지해 이들 3개 국가가 전체의 67%를 차지했으며, 수량에서는 중국이 162대(32.4%), 미국이 127대(25.4%), 독일이 34대(6.8%) 순서이다. 처음으로 순위가 집계된 1993년 이후로 1위는 늘 미국이 차지하고 중간에 잠깐씩 일본이 1위를 하는 양상이었으나, 최근 몇 년간은 미·중·일의 각축전으로 바뀌었다. 국가별 순위에서 최상위에 위치한 국가들은 미국, 중국, 일본, 독일, 프랑스 등으로 경제와 R&D 규모에서도 앞선 국가임을 알 수 있다.

선진국에서 슈퍼컴을 도입하는 이유

선진국에선 왜 큰돈을 들이면서 슈퍼컴퓨터를 도입할까? 당연한 답이지만, R&D, 경제, 국방 등에 큰 도움이 되기 때문이다. 과거에는 과학적 연구가 실험과 이론 이렇게 두 가지 방법으로 이뤄졌다면, 2차 세계 대전을 계기로 컴퓨터를 이용한 컴퓨터 시뮬레이션(모의실험)이 새로운 방법으로 추가됐다. 2차 세계 대전 동안 적군의 암호를 해독하기 위해, 또 원자폭탄 개발에 필요한 계산을 빠르게 수행하기 위해 초기 형태의 컴퓨터가 개발됐고, 전후 이 기술은 민간에 이전돼서 다양한 분야에 응용되기 시작했다. 시뮬레이션(simulation)은 '흉내 내다'란 뜻의 simulate에서 파생된 단어이다. 과학자들은 자연을 관찰하여 이론을 정립하고 이를 수식화했다. 일단 수식으로 정의할 수 있으면 그 이후의 계산은 전적으로 컴퓨터의 성능에 의존할 수 있다. 컴퓨터의 가장 큰 장점이 반복적인 계산을 정확하고 빠르게, 그리고 아무런 불평불만 없이 계속 수행한다는 점이다. 이런 특성은 대규모의 수치 시뮬레이션에 꼭 필요하다.

아주 작은 세계에서부터 아주 큰 세계까지 모두 시뮬레이션 연구의 대상이 될 수 있다. 양성자와 중성자 간의 핵력 계산, 원자 간의 상호작용, 분자의 성질과 반응성, 약의 생체 내 반응성, 고분자 물질의 물성, 엔진 내의 연소, 자동차 충돌, 교량의 설계, 비행기 날개 설계, 지진파를 이용한 지층 탐사, 일기 예보, 전 지구 차원의 기후 연구, 별의 탄생과 진화, 우주의 생성 등은 모두 해당 이론에 따른 미분방정식으로 설명될 수 있다. 변수가 아주 많은 미분방정식은 사람이 직접 푸는 것은 불가능하지만 불평불만 없이 쉬지 않고 정확하게 계산하는 컴퓨터의 특성을 이용하면 해결할 수 있다.

컴퓨터 시뮬레이션은 많은 장점을 가진다. 첫째, 현실에서 할 수 없거나 위험한 실험을 대신할 수 있다. 예를 들어 중력파 연구를 위해 블랙홀을 충돌시키거나, 별의 진화과정을 알기 위해 태양의 진화과정

미국 국립슈퍼컴퓨팅응용센터
(NCSA) 건물. 이곳에서
슈퍼컴퓨터를 활용해 중력파
관측시설인 LIGO 개발을
지원하는 블랙홀 시뮬레이션,
코로나19 팬데믹 모니터링
및 코로나19 백신 생성 등에
기여했다. ©wikipedia/Ragib

전체를 사람이 관찰할 수 없지만 시뮬레이션에선 가능하다. 해저지진과 쓰나미가 원전에 끼치는 영향을 볼 수 있고, 소행성의 충돌이 지구 기후에 일으킨 영향을 분석하고, 가상의 원자폭탄을 터트리며 연구하는 것도 가능하다. 둘째, 실험결과의 분석에도 시뮬레이션이 활용된다. 예를 들어 세포막에는 크기가 작은 이온은 통과시키지 않지만 더 큰 물 분자는 통과시키는 터널이 존재한다. 상식에 반하는 이런 현상도 컴퓨터 시뮬레이션을 통해 그 원인이 특정 아미노산 때문인 것을 알 수 있다. 실험하기 전에 시뮬레이션을 통해 결과를 미리 예측하면 실제 실험에서도 큰 도움이 됨은 물론이다. 셋째, 가상세계에서 계속 실패할 수 있는 자유가 있다. 새로운 연구에선 실패가 필연적이다. 이런 실패들이 더 나은 과정으로 이르는 길이 되어 주기 때문이다. 가상세계에서의 실패는 현실세계에서의 실패를 줄이며, 막대한 비용과 시간을 절약해 준다. 이 때문에 공학 분야에서는 사전 시뮬레이션이 필수로 자리 잡았다.

물론 PC로도 훌륭한 시뮬레이션 연구를 할 수 있다. 그러나 연구자들은 더 정밀하고 다양한 사례, 더 큰 시스템에 대해 연구하고 싶어

한다. 이처럼 시뮬레이션을 더 정확하고 더 빠르게 수행하기 위해선 더 빠른 컴퓨터, 즉 슈퍼컴퓨터가 필요하다.

우리나라도 세계 Top10에 드는 슈퍼컴 도입하기로

초기의 슈퍼컴퓨터는 PC와는 완전히 다른 구조를 갖고 있었다. 국가연구소와 소수의 대기업을 위해 주문형으로 소량 제작됐기 때문에 관련 소프트웨어가 서로 호환되지 않았고 유지보수도 쉽지 않았다. 개발비용과 소요시간, 유지보수비, 전력사용량 등의 이유 때문에 최근의 슈퍼컴퓨터들은 PC를 여러 대 연결한 클러스터에 그래픽 처리장치(GPU) 같은 가속기를 더한 하이브리드 방식으로 바뀌었다. 이제 대부분의 슈퍼컴퓨터에는 가정용 PC와 마찬가지로 인텔, AMD, 엔비디아(Nvidia)의 프로세서가 들어 있다(물론 일반적인 PC의 프로세서보다 훨씬 고급의 사양이다). 이에 따라 슈퍼컴퓨터의 정의도 다소 바뀌었다. 공식적으로 '슈퍼컴퓨터'는 현재 세계에서 가동되는 모든 컴퓨터 중에 가장 빠른 500대, 즉 Top500에 등재된 컴퓨터를 의미한다.

컴퓨터의 성능을 빠르게 만들기 위해서는 동작속도(클럭 스피드)를 높이고 반도체 집적도를 높이면 된다. 인텔의 창업주인 고든 무어가 주장한 무어의 법칙에 따르면 반도체의 집적도, 즉 저장장치의 용량과 CPU의 처리속도는 18개월~2년마다 2배씩 향상된다. 하지만 동작속도가 빨라지면 전력 소비가 늘어나고, 열이 많이 발생하게 된다. 또한, 반도체의 집적도가 높아지면서, 즉 소자가 점점 작아지면서 양자 효과(quantum effect)도 무시할 수 없게 된다. 이러한 이유 때문에 거의 20년 가까이 CPU의 클럭 스피드는 크게 변하지 않고 있다. 클럭 스피드를 높이지 않으면서 연산속도를 빨리 하기 위해선 병렬처리가 필수이다. 컴퓨터 아키텍처는 벡터, SMP, MPP, 하이브리드 방식 등으로 계속 변해왔지만, 기본 원칙은 클럭 한 번에 여러 번의 연산이 가능하게 함으로써 전체 시스템이 수행하는 계산의 양을 늘리는 것이다. 이에 따라 단일 CPU 내에 여러 개의 계산 코어를 넣고, 이렇게 만들어진 CPU 를 병렬로 연결함으로써 처리속도를 높이는 방식으로 진화해 왔다. 최근에는 GPU를 가속기로 이용해 연산속도를 더 높이는 방식이 대세로 자리 잡았다. GPU는 전기를 적게 사용하면서 빠른 연산이 가능하다는 장점 때문에 점점 더 많은 분야에 적용되고 있다.

역사적으로 살펴보면, 최초로 테라플롭스(10^{12}) 시대를 연 것은 1997년 6월 미국 샌디아 국립연구소(Sandia National Laboratory, SNL)의 ASCI Red, 페타플롭스(10^{15}) 시대를 연 것은 2008년 6월 미국 로렌스 리버모어 국립연구소(Lawrence Livermore National Laboratory, LLNL)의 로드러너, 엑사플롭스(10^{18}) 시대를 연 것은 2022년 6월 ORNL의 프론티어이다. 테라 시대에서 페타 시대로 가는 데 9년이 걸렸지만, 페타 시대에서 엑사 시대로 가는 데는 14년이 걸린 셈이다. 엑사 시대가 임박하면서 최근 몇 년간 누가 먼저 엑사 시스템을 개발할지는 연구계의 큰 관심사였다.

미국 아르곤국립연구소(ANL)에서 개발 중인 엑사스케일 슈퍼컴퓨터 오로라의 내부. 슈퍼컴 안팎으로 꼬여 있는 빨간색과 파란색 케이블은 바닥 아래에서 대량의 물을 퍼 올리는 특수 수냉 시스템이다.
ⒸANL

미국의 경우 에너지부(Department of Energy, DoE) 산하 세 개의 국립연구소에서 서로 다른 아키텍처의 엑사스케일 슈퍼컴퓨터 개발을 진행해왔다. ORNL은 9472개의 AMD '트렌토(Trento)' 64코어 CPU(총 60만 6208코어)와 3만 7888개의 MI250X 220코어 GPU(총 833만 5360코어)를 이용해 최초의 엑사스케일 컴퓨터인 프론티어를 개발한 바 있고, 아르곤국립연구소(Argonne National Laboratory, ANL)는 인텔의 사파이어 래피즈(Sapphire Rapids) CPU와 폰테 베키오(Ponte Vecchio) GPU 기반으로 '오로라(Aurora)' 시스템을 설치해 테스트 중이다. 로렌스리버모어국립연구소(Lawrence Livermore National Laboratory, LLNL)는 AMD '제노아(Genoa)' CPU와 MI300 APU로 2.0 엑사플롭스의 슈퍼컴퓨터인 '엘 캐피탄(El Capitan)'을 설치하는 중이다. APU는 AMD에서 출시된 GPU 통합형 CPU로 단일 칩 안에 CPU와 GPU가 함께 있다. 엘 캐피탄은 30~40메가와트의 전력을 필요로 한다. 계획대로 진행된다면 미국은 2023~2024년엔 3대의 엑사급 슈퍼컴퓨터를 보유하게 된다.

유럽의 경우 유럽고성능컴퓨팅공동사업(European High-Performance Computing Joint Undertaking, EuroHPC JU)을 통해 2023년까지 엑사급 슈퍼컴퓨터 개발하는 프로젝트를 추진하고 있으며, 중국은 Top500에 등재하지 않은 두 대의 엑사급 슈퍼컴퓨터를 이미 구축했다. 일본은 현재 세계 2위인 후가쿠(Fugaku) 시스템의 차기 시스템에 대한 논의를 진행하고 있는데, 시기적으로 볼 때 이 시스템은 수 엑사플롭스 슈퍼컴퓨터가 될 것이 틀림없다.

국내에선 과학기술정보통신부와 KISTI를 중심으로 슈퍼컴퓨팅 생태계를 확장하는 노력이 계속되고 있다. 2018년 상반기에 세계 11위였던 누리온 시스템은 서비스 개시 3년 6개월이 지나면서 순위가 46위까지 하락했다. 이에 정부는 2024년 상반기 가동을 목표로 이론성능 600페타플로스(0.6엑사플롭스)의 슈퍼컴퓨터 도입에 2,929억 원을 투자하기로 결정했다. CPU와 GPU를 모두 가진 하이브리드 방식으로 구축될 차기 시스템은 서비스가 개시될 2024년 상반기 기준으로 세계 Top10 안에 드는 슈퍼컴퓨터이다. 차기 시스템은 기존의 시뮬레이션 연구는 물론이고 GPU 가속기의 장점을 살려 초거대 인공지능 연구에도 활용될 예정이다.

CPU를 능가하는 GPU 범용 시대

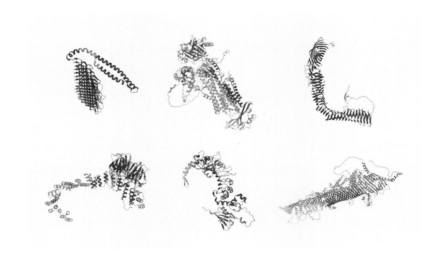

단백질의 3차원 구조는 생명의 구성요소로 기능적으로 중요하다. 구글 딥마인드의 인공지능 '알파폴드'는 다양한 단백질의 3차원 구조를 정확히 예측한 바 있다. ⓒDeepMind

알파고로 시작된 구글 딥마인드의 기세는 거칠 것이 없어 보인다. 50년 난제였던 단백질 접힘(protein folding) 문제를 인공지능 '알파폴드(AlphaFold)'로 해결해 2018년의 단백질구조예측대회(Critical Assessment of Protein Structure, CASP)에서 압도적 차이로 1위를 차지했고, 2021년엔 알파폴드2로 36만 5000개 이상의 단백질의 3차원 구조를 정확히 예측한 바 있다. 알파폴드2가 예측한 단백질 구조는 항생제 내성 연구, 코로나19 바이러스의 인체 침입 메커니즘 연구 등 다양한 연구에 활용되고 있다. 딥마인드는 2022년 12월 6일 기준으로 총 2억 1468만 3829개 단백질의 3차원 구조를 결정해서 알파폴드 사이트 (www.alphafold.ebi.ac.uk)를 통해 공개했다. 이처럼 인공지능이 주인공

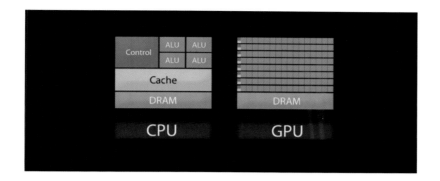

CPU가 직렬 처리 방식 및 복잡한 계산에 대해 빠른 처리가 가능한 반면, 제한된 연산 기능만 하는 GPU는 보통 CPU보다 코어의 수가 더 많아 자체적으로 병렬처리가 가능하다. ⓒKT

이 된 원인으론 딥러닝의 성공을 가장 먼저 들 수 있겠지만, 컴퓨터 하드웨어 측면에서는 GPU의 비약적 발전을 빼놓고는 얘기할 수는 없다.

CPU에는 컨트롤 유닛, 계산을 담당하는 부분, 아주 빠른 메모리인 레지스터, 그리고 외부 데이터를 복사해 놓는 용도인 캐시 메모리 등이 포함되어 있다. 실제 CPU 내부 면적의 절반 정도는 캐시 메모리로 채워져 있다. 앞서 얘기한 것처럼 최근의 CPU 내에는 여러 개의 코어가 탑재되어 있어 각각의 코어들이 캐시 메모리를 공유하는 형태이다. CPU에는 적게는 2, 4개 코어에서 많게는 10개 이상의 코어가 들어 있다. 참고로 인텔의 최신 CPU인 '사파이어 래피즈(Sapphire Rapids)'에는 최대 56개의 코어가, AMD의 최신 CPU인 '제노아(Genoa)'엔 최대 96개의 코어가 탑재되어 있다. 각각의 코어에선 16비트 정수, 32비트 정수, 16비트 실수, 32비트 실수 64비트 실수 등 다양한 형태의 연산이 이뤄진다.

GPU는 그래픽 처리장치(Graphic Processing Unit)의 약자로 원래 목적이 그래픽 연산을 빠르게 처리해 모니터에 출력하는 것이었다. 특히 고속의 3차원 렌더링에 적합한 가속 기능이 포함되어 있어서 과거 CPU에서 부담하던 계산이 GPU로 옮겨짐에 따라 CPU의 부담을 덜어주는 장점이 있다. 제한된 연산 기능만을 가진 GPU는 일반적으로 CPU보다 코어의 수가 더 많아서 자체적으로 병렬처리 기능을 갖고 있다. GPU의 성능, 특히 실수 연산에서의 성능이 비약적으로 발전

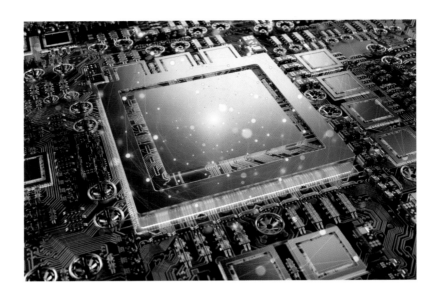

현대적인 GPU의 모습.
ⓒgettyimages

하면서 2000년대 후반부터는 그래픽 처리를 넘어 일반적인 계산 분야에까지 GPU를 확대해 적용하기 시작했다. 'GPGPU(General-Purpose computing on Graphics Processing Units)'라 불리는 GPU를 범용적으로 사용하는 시대가 열린 것이다.

GPU는 CPU보다 더 많은 수의 코어를 가지고 있어서 '투입비용과 전력효율' 측면에서 CPU보다 강점을 가진다. 앞서 언급한 것처럼 엑사급 컴퓨터는 막대한 전력을 필요로 한다. GPU를 가속기로 채용하여 CPU와 서로 협력하는 방식으로 계산하면, 전력이 적게 들고 비용도 절감되고 설치면적도 줄어든다. 이 때문에 컴퓨터 하드웨어 구축 시 GPU를 포함시키는 비율이 계속 늘고 있다. 기존에 CPU에서 실행되던 많은 프로그램들이 이제 GPU에서도 더 빠르게 실행될 수 있게 됐다.

폭증하는 인공지능 수요는 GPU 가속기로 해결

GPU가 주목받는 또 다른 원인은 머신러닝 때문이다. 다양한 분야에서 머신러닝과 인공지능의 유용성이 확인되면서 인공지능 적용이

기하급수적으로 늘고 있다. 일단 학습된 인공지능은 짧은 시간에 정확한 답을 줄 수 있다. 하지만 이런 정확도를 갖기 위해서는 충분한 학습이 필요하고, 학습에는 엄청난 양의 컴퓨터 자원이 필요하다. GPU로 이런 수요를 해결할 수 있다. 또한, 시뮬레이션을 이용해서 연구하던 연구자들이 새로이 인공지능 응용 분야로 진출하면서 또 다른 GPU 수요를 낳고 있다. 최근 조사에 의하면 시뮬레이션 연구자들의 85% 정도가 인공지능을 적용함으로써 기존 연구에서의 새로운 돌파구를 찾을 것이라 기대하고 있다.

　　최근 10년간 인공지능 분야의 혁신을 이끈 AlexNet, 알파고, BERT, GPT-2/3 등의 주요 모델은 슈퍼컴퓨터급의 대형 계산 자원을 활용할 수 있었기에 가능했고, 이런 추세는 기술 경쟁에 따라 더 심화될 것이다. 2018년 발표된 구글의 '알파고 제로'의 경우 딥러닝의 돌파구가 됐던 AlphaNet보다 30만 배 더 많은 계산이 필요하다. 2020년에 등장한 1750억 개의 변수를 갖는 자연어처리 GPT-3 모델은 1만 개 이상의 GPU를 필요로 한다. 전문가들의 분석에 따르면 인공지능 분야에 필요

AMD에서 출시한 MI250X GPU는 프론티어, 루미, 에이다스트라 같은 슈퍼컴퓨터에 채용됐다. ⓒAMD

한 컴퓨팅 자원은 1.1~1.4년마다 10배씩 증가하는 추세이다.

　　슈퍼컴퓨팅 분야에서 GPU를 채용한 하이브리드 방식의 컴퓨터가 늘고 있는 것은 최근 발표된 Top500 순위에서도 확인할 수 있다. 상위 10개 시스템 중 중국과 일본의 시스템 3개를 제외한 나머지 7개는 모두 GPU를 이용해서 컴퓨터의 성능을 높이고 있다. 슈퍼컴퓨터에 포함된 GPU 가속기 시장은 엔비디아(Nvidia)가 대부분의 시장을 독점하고 있었으나, 최근 들어 경쟁업체들의 도전이 거세다. AMD에서 출시한 MI250X GPU는 Top500에서 1위인 프론티어, 3위인 루미, 11위인 에이다스트라(Adastra) 등 상위권 시스템에서 많이 채용됐다. 또한, 단일 칩에 CPU와 GPU 모두 넣어서 만든 AMD MI300 APU는 2023년 구축될 로렌스리버모어국립연구소의 슈퍼컴퓨터 '엘 캐피탄'에 탑재된다. 인텔 역시 GPU 시장에 진출하고자 '폰테 베키오'란 GPU를 출시해 아르곤국립연구소에서 구축하는 중인 테라급 슈퍼컴퓨터 '오로라'에 탑재해 테스트하고 있다. 그러나 여러 가지 문제점이 계속 발견됨에 따라 인텔은 폰테 베키오를 이을 후속 GPU인 '리알토 브리지'를 2023년에 중반에 내놓겠다는 계획을 발표했다. 최대 160개의 코어를 탑재하게 될

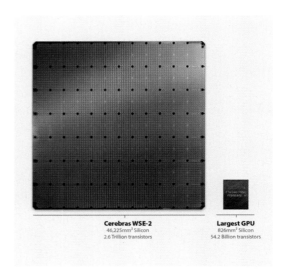

세라브라스 WSE-2는 가장 큰 GPU에 비해서도 규모가 크다. 4만 6225mm2의 실리콘 웨이퍼에 2.6조 개의 트랜지스터가 들어간다.
ⓒCerabras

리알토 브리지는 전작 대비 30%의 성능향상이 있을 것이라 한다.

인공지능에 특화된 AI 반도체를 만들려는 다양한 시도가 있다. 인공지능 학습이나 예측에 꼭 필요한 기능만 넣고, 나머지 부분은 모두 제거한 인공지능용 전용 프로세서의 경우 훨씬 작고 에너지를 적게 쓰고 더 저렴하고 더 성능이 좋게 만들 수 있다. 국내외의 여러 업체가 경합 중인데 세레브라스(Cerebras)처럼 극단적인 방식을 채택한 경우도 있다. 보통 반도체업체는 실리콘 웨이퍼 한 장으로 여러 개의 프로세서를 만들어 내는 것이 일반적인데, 세레브라스는 21.5cm × 21.5cm의 웨이퍼 전체를 사용해 '큰 와플 크기'의 인공지능 전용 프로세서를 만들고 있다. 칩에는 2.6조 개의 트랜지스터가 들어 있고, 탑재된 메모리는 40기가바이트, 계산 코어 수는 자그마치 85만 개이다. Nvidia의 A100 GPU보다 칩 크기는 56배, 코어 수는 123배, 메모리는 1000배이다. 이와 반대로 GPU로 학습시킨 인공지능 모델을 돌릴 수 있는 작고 효율적인 AI 반도체를 만드는 곳도 있다. 국내 업체인 사피온에서 개발한 인공지능 반도체 칩 X220은 세계 AI 반도체 성능시험 대회인 MLPerf에서 Nvidia 제품보다 우수한 성능을 보였다.

양자컴퓨터를 만들기 위해

제대로 된 양자컴퓨터가 언제 등장할 것인가? 이 질문에 대해선 전문가들의 의견도 극단적으로 나뉜다. 2030년 정도로 예측하는 사람도 있고, 수십 년 후로 예측하는 사람, 극단적으로는 불가능하다고 말하는 전문가도 있다. 이런 가운데에 최근 들어 유럽의 여러 슈퍼컴퓨팅센터에서 양자컴퓨터를 도입하기 시작한 것은 시사하는 바가 크다.

양자컴퓨터는 고전 컴퓨터(양자컴퓨터의 반대적 의미로 현재 사용되고 있는 폰 노이만 방식의 컴퓨터)와 다르게 '양자역학(Quantum Mechanics) 특유의 물리 상태를 적극적으로 이용해 고속 계산을 구현하는 컴퓨터'라고 정의된다. 양자컴퓨터는 기존의 디지털 컴퓨터와는 완전히 다른 방식으로 작동한다. 여러 개의 상태가 동시에 존재하는 '중첩(superposition)'과 두 개의 현상의 물리적 상관관계가 독립적이지 않고 서로 얽혀 있는 현상인 '얽힘(entanglement)'은 양자컴퓨터 작동의 근간이 되는 특이한 현상이다.

반도체의 집적도가 높아지면서 정보저장과 연산을 위한 게이트가 차지하는 소자의 크기가 점점 작아지고, 결국 양자역학이 지배하는 세계로 들어서게 된다. 양자효과에 의한 오류가 발생할 여지는 점점 더 커진다. 이에 반도체 설계 엔지니어들은 양자효과를 제거하기 위해 노력해왔는데, 거꾸로 생각하면 양자 특유의 물리 현상을 새로운 형태의 컴퓨터인 양자컴퓨터 개발에 적용할 수 있다.

양자컴퓨터의 개념은 1980년대 리처드 파인만, 폴 베니오프 등에 의해 제안됐는데, 크게 주목받지 못했다. 하지만 1990년대에 피터 쇼어에 의해 공개키 기반의 암호를 깰 수 있는 양자 알고리즘이 제시되면서 양자컴퓨터 하드웨어를 만드는 경쟁이 본격적으로 시작됐다. 양자컴퓨터를 만들기 위해서는 양자 현상이 일어나는 극도로 미세한 영역에 대한 제어가 필요하기 때문에 첨단 물리학과 엔지니어링 기술이 필수이다. 이런 기술들이 20세기 말에 대부분 구현되면서 21세기 들어 본격적인 양자컴퓨터 하드웨어 개발이 가능해졌다.

현재의 컴퓨터는 프로세서 또는 코어의 수를 늘려 병렬 계산을 수행함으로써 문제를 더 빨리 푸는 방식이다. 예를 들어 1만 개의 코어가 이상적으로 협력하는 경우는 CPU의 동작속도 향상 없이(개개의 코어의 성능 변화가 없단 의미) 1만 배 더 빠르게, 즉 1만분의 1의 시간에 문제를 해결할 수 있다. 이에 비해 양자컴퓨터는 중첩현상을 이용해 여러 가지 경우를 동시에 테스트하기 때문에 자연스럽게 병렬처리가 가능하다. 큐비트 수 증가에 지수적으로 비례하는 경우를 동시에 테스트할 수 있기 때문에 계산에 필요한 시간을 1/2큐비트 수로 낮출 수 있다. 예들 들어 50큐비트의 경우 $1/2^{50}$ 시간에 답을 얻을 수 있으므로 즉 2^{50} $\cong 10^{15}$배 빨라진다는 의미이다. 양자컴퓨터에서는 프로세서의 작동 속

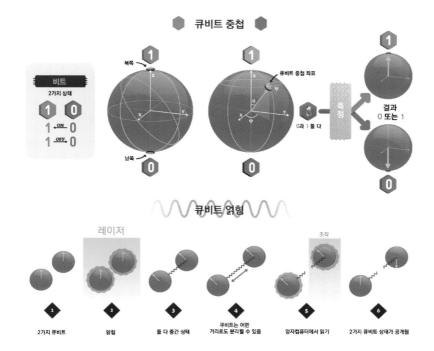

큐비트 중첩

비트
2가지 상태

1 ON 0
1 OFF 0

북쪽

남쪽

큐비트 중첩 좌표

측정

0과 1 둘 다

결과
0 또는 1

큐비트 얽힘

레이저

조작

1 — 2가지 큐비트
2 — 얽힘
3 — 둘 다 중간 상태
4 — 큐비트는 어떤 거리로도 분리될 수 있음
5 — 양자컴퓨터에서 읽기
6 — 2가지 큐비트 상태가 공개됨

양자컴퓨터의 근간이 되는 현상인 중첩과 얽힘. 큐비트는 기존에 0과 1로 결정되는 비트와 달리 여러 개의 상태가 동시에 존재하는 중첩이 나타나므로 측정 후에야 0 또는 1의 결과가 나온다. 또 두 개의 큐비트의 물리적 상관관계는 독립적이지 않고 서로 얽혀 있다. ⓒshutterstock

도가 빨라진 것이 아니라 중첩에 의한 동시 계산을 통해 답을 빨리 얻을 수 있는 셈이다.

양자컴퓨터를 만들기 위해서는 우선 큐비트를 구현해야 한다. 다양한 물리 시스템으로 큐비트를 구현할 수 있다. 자연계에 존재하는 원자, 이온, 광자는 물론이고 인위적으로 만든 초전도 회로, 반도체 양자점(quantum dot), 다이아몬드 내의 결함 등이 모두 큐비트가 될 수 있다. 2000년 초반에는 핵자기공명 방식이 가장 유망했으나, 2022년 현시점에선 이온트랩 방식과 초전도 회로 방식이 가장 널리 사용되고 있고, 중성 원자 방식과 광자(photon) 방식이 그 뒤를 잇고 있다.

양자컴퓨터가 제대로 작동하기 위해서는 계산 과정 동안 큐비트의 상태가 안정적으로 유지돼야 한다. 큐비트에서 0과 1의 상태가 그대로 유지되는 시간을 결맞음(coherence) 시간이라 하는데, 이 시간이 충분히 길어야 연산에 사용할 수 있다. 결맞음 시간을 늘리기 위해 계속 노력한 결과로 최근 20년 사이에 결맞음 시간이 1만 배 이상 늘어났다.

양자 상태는 주변의 열과 잡음에 매우 취약하기 때문에 필연적으로 오류가 발생한다. 고전 컴퓨터에서는 정보를 여러 개 복제하여 저장하고, 필요시 이들의 값을 비교함으로써 오류를 검증하고 정정할 수 있다. 그러나 양자컴퓨터에선 큐비트 상태를 복제할 수 없을 뿐 아니라, 오류를 확인하기 위해 값을 측정하는 순간 양자컴퓨터의 장점인 중첩 상태가 붕괴된다. 이 때문에 양자컴퓨터에서 오류를 정정하기 위해선 고전 컴퓨터와는 완전히 다른 방식을 써야 한다. 비트가 뒤집히는 오류와 위상값에서 발생하는 오류를 모두 정정하기 위해서는 여러 개의 보조 큐비트를 써서 논리적인 큐비트를 만들게 된다. 오류를 정정하기 위한 효과적이고 경제적인 방법을 실현하기 위해선 R&D가 좀 더 필요하고, 시간도 더 필요해 보인다. 그래서 현재는 어느 정도의 오류는 허용하는 방식으로 양자컴퓨터를 개발하고 있다. 이를 니스크(Noisy Intermediate-Scale Quantum, NISQ) 컴퓨팅이라 하며, 고전 컴퓨터보다 빠른 연산이 가능하게 하는 것을 목표로 한다. NISQ 컴퓨터는 최종 목표인 범용 양자컴퓨터로 가는 중간 단계라 할 수 있다.

컴퓨터에서의 연산은 NOT, AND, OR, NOR, NAND 등의 논리 게이트의 조합으로 이뤄진다. 양자컴퓨터에선 이보다 더 복잡해서 중첩과 얽힘 상태를 만드는 게이트도 존재한다. 게이트 연산을 위해서 큐비트 방식에 따라 자기장, 마이크로파, 레이저 등을 적절히 이용해 양자 상태를 변화시키게 된다.

본격화되고 있는 양자컴퓨터의 시대

현재 IBM과 리게티(Rigetti) 등이 초전도 회로 방식, 아이온큐(IonQ)와 퀸티누엄(Quantinuum)이 이온 트랩 방식, 재너두(Xanadu)가 광자(photon) 방식, 파스칼(Pasqal) 등이 중성 원자 방식의 NISQ 양자컴퓨터를 만들고 있다. 퀸티누엄은 최근 하니웰 퀀텀 솔루션즈

(Honeywell Quantum Solutions)와 케임브리지 퀀텀(Cambridge Quantum)이 합병하여 만들어진 회사다. 캐나다의 디웨이브 시스템즈(D-Wave Systems)는 양자 어닐러(annealer)란 특수한 형태의 양자컴퓨터를 제작하고 있다. 양자 어닐러는 게이트 기반으로 문제를 해결하는 것이 아니라 양자 터널링을 이용해 에너지가 가장 낮은 상태를 찾는 방식으로 문제를 해결하는 컴퓨터이다. 업체에선 수천 큐비트라 광고하고 있지만 게이트 기반이 아니기 때문에 IBM, IonQ 등에서 개발하는 게이트 기반 양자컴퓨터의 큐비트 수와 직접 비교

디웨이브시스템즈에서 개발한 양자컴퓨터. ⓒD-Wave Systems

하는 것은 적절하지 않다. 양자 어닐러로 풀 수 있는 문제는 최적화 문제로 아주 제한적이다. 그럼에도 불구하고 우리 주변의 많은 문제(예를 들어 금융 포트폴리오 설정, 최적 배달 경로 설정)는 최적화 또는 샘플링 문제이기 때문에 양자 어닐러는 빠르게 적용 분야를 넓혀가고 있다.

양자컴퓨터는 아주 민감하고 관리하기 힘들다. 그래서 직접 하드웨어를 구입하기보다는 아마존, 마이크로소프트, IBM 등에서 제공하는 클라우드 서비스 형태로 사용하는 경우가 대부분이다. 또한 양자컴퓨터는 여전히 불안정하기 때문에 물리적인 하드웨어 없이 기존의 컴퓨터상에서 실행되는 양자컴퓨터를 흉내 내는 소프트웨어를 이용해서 양자 알고리즘을 테스트하는 경우도 많다. 소프트웨어를 직접 구매해서 사용할 수도 있고, 아마존이나 마이크로소프트의 클라우드에서도 사용할 수 있다. 테스트해야 하는 경우의 수가 큐비트의 지수함수로 늘어나기 때문에 계산에 필요한 컴퓨터 메모리의 양 역시 지수함수적으로 늘어난다. 컴퓨터의 메모리 제한 때문에 소프트웨어로는 일정 큐비트 이상의 계산은 실행할 수 없다.

최근 들어 유럽의 대표적인 슈퍼컴퓨팅센터들이 경쟁적으로

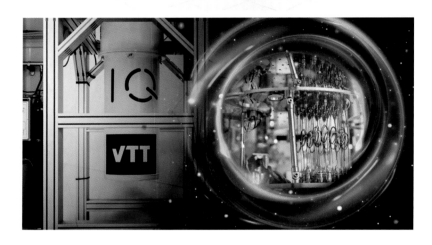

핀란드의 슈퍼컴센터인 CSC가 슈퍼컴퓨터와 양자컴퓨터를 연결한 서비스를 제공하기 시작했다. 아래쪽은 슈퍼컴퓨터 루미(LUMI)이고, 오른쪽은 5-큐비트의 양자컴퓨터 헬미(HELMI)이다. ⓒLUMI, HELMI

양자컴퓨터를 도입하고 있다. 독일 율리히슈퍼컴퓨팅센터(Juelich Supercomputing Centre, JSC)는 2022년 1월부터 D-Wave Systems 사의 5천 큐비트 양자 어닐러를 설치해 서비스하고 있다. 유럽에 설치된 첫 양자컴퓨터이다. 율리히슈퍼컴퓨팅센터와 프랑스의 GENCI는 중성원자 방식인 파스칼(Pasqal)의 양자컴퓨터를 도입해 내부적으로 사용하고 있다. 핀란드의 슈퍼컴센터인 CSC는 2022년 11월 기준으로 세계 3위의 슈퍼컴퓨터 루미(LUMI)와 5-큐비트의 양자컴퓨터 헬미(HELMI)를 연결한 서비스를 제공하기 시작했다. 일반적인 목적의 슈퍼컴퓨터와 최적화 분야에서 강점을 갖은 양자컴퓨터의 장점을 결합함으로써 더 빠르게 문제를 풀 수 있을 것으로 기대된다. 또한, 유럽

고성능컴퓨팅공동사업(European High Performance Computing Joint Undertaking, EuroHPC JU)에선 체코, 독일, 스페인, 프랑스, 이탈리아, 폴란드 6개국에 양자컴퓨터를 설치해 서비스하겠단 계획을 발표했다. 각국의 슈퍼컴퓨팅센터에서 향후 수년에 걸쳐 양자컴퓨터를 개발하고 설치하고 서비스하는 대형 프로젝트이다.

IBM은 2022년 11월 433큐비트의 양자컴퓨터 '오스프리(Osprey)'를 공개했고, 2023년엔 1121큐비트의 '콘도르'를 개발하겠다고 발표했다. 2019년 27큐비트의 '팔콘', 2020년 65큐비트의 '허밍버드', 2021년 127큐비트의 '이글'에 이어 빠르게 큐비트 수를 늘려가고 있는 셈이다. 구글은 2019년 53큐비트의 양자컴퓨터를 이용해 양자 우위를 보였고, 비공개로 후속 연구를 진행하는 중이다. 중국도 이미 50큐비트 양자컴퓨터 개발을 마쳤고, 영국과 호주는 100큐비트의 양자컴퓨터를 개발하는 중이다. 핀란드와 스위스 같은 작은 선진국에서도 양자컴퓨터 관련 연구가 급속하게 진행되고 있다.

최근 IMB에서 공개한 양자컴퓨터 '오스프리'의 칩.
©IBM

양자컴퓨터와 슈퍼컴퓨터는 서로 보완하는 관계

　　그럼 국내의 양자컴퓨터 개발 현황은 어떠한가? 한국표준과학연구원(KRISS)의 연구진은 초전도 방식으로 5큐비트의 양자 프로세서를 개발했고, 한국과학기술연구원(KIST)의 연구진은 다이아몬드의 결함을 이용한 큐비트 방식으로 양자 프로세서를 구현했다. 한국 정부 차원에서도 양자컴퓨터 개발을 지원하기 위한 다양한 프로그램을 시행하고 있다. 2022년 6월에는 출범한 50큐비트 양자컴퓨터 구축 사업이 대표적이다. 2024년까지 20큐비트 규모의 양자컴퓨터를 개발해 클라우드 서비스로 시연하고, 2026년까지 50큐비트 양자컴퓨터를 만들어 국내 연구자에게 서비스를 제공하는 것이 목표이다. 이 프로젝트에는 한국표준과학연구원(KRISS), 한국과학기술정보연구원(KISTI), 울산과기원(UNIST) 등이 참여하고 있다. 해외 선진국에 비해서 시작이 늦은 것은 사실이지만 양자기술 자체가 시작된 지 얼마 안 된 새로운 기술이기 때문에 지금부터 열심히 연구한다면 기술격차를 빠르게 따라잡을 수 있을 것이란 게 정부의 바람이다. 한편, 성균관대에 위치한 양자정보연구지원센터(www.qcenter.kr)에선 '양자 클라우드 지원 사업'을 통해 IonQ, IBM, D-wave 시스템의 양자컴퓨터를 쓸 수 있도록 지원하고 있다. 최근 연세대학교는 송도에 위치한 국제캠퍼스에 2024년 IBM의 127큐비트 양자컴퓨터를 설치하기로 했다고 발표했다. 미국, 독일, 일본, 캐나다에 이은 5번째이다.

　　양자컴퓨터를 이용하면 기존의 컴퓨터로 풀 수 없었던 많은 문제가 해결될 수 있을 것이라 기대된다. 다만 양자컴퓨터는 슈퍼컴퓨터와 적대적인 관계 아니라 서로 보완하는 관계이다. 당분간 수치 연산을 많이 필요로 하는 분야에서 계속 슈퍼컴퓨터가 사용되고, 조합최적화와 기계학습 분야에서 양자컴퓨터가 더 많이 사용되는 식으로 서로 역할분담을 하게 될 것이다. 그렇지만 근본적으로 양자역학이 고전역학을 포함하듯, 필요한 기술이 모두 개발된다면 양자컴퓨터가 기존의 컴퓨터를 모두 대체할 수도 있을 것이다. 다만 그날이 정확히 언제가 될지는 예측하기 힘들다.

최초의 엑사급 슈퍼컴퓨터가 등장한 2022년. 지금 전 세계는 더 빠른 슈퍼컴퓨터를 만들고, 이를 이용한 시뮬레이션 연구와 인공지능 연구를 통해 경쟁력을 키우기 위해 총성 없는 전쟁을 벌이고 있다. 미국은 슈퍼컴퓨터 관련 주요 제품을 중국에 수출하는 것을 금지했고, 일본과 유럽은 미국 의존도를 낮추기 위해 자체 기술로 슈퍼컴퓨터를 개발하기 위해 노력하고 있다. 최근의 Top500 순위를 보면 상위권에 자리잡고 있는 대부분의 슈퍼컴퓨터들이 GPU를 가속기로 활용하고 있는 것을 볼 수 있다. 소요전력과 발열, 설치면적 등에서 장점이 있기 때문에 가속기 이용은 피할 수 없는 흐름으로 보인다. 향후에는 GPU는 물론이고 뉴로모픽 컴퓨터와 양자컴퓨터 등도 가속기 방식으로 슈퍼컴퓨터에 통합될 것이라 예측하는 전문가가 많다.

10

비건 패션

김청한

인하대학교 컴퓨터공학과를 졸업하고, 『파퓰러 사이언스』 한국판 기자와 동아사이언스 콘텐츠사업팀 기자를 거쳐 현재는 『사이언스 타임즈』 객원 기자로 활동하고 있다. 음악, 영화, 사람, 음주, 운동처럼 세상을 즐겁게 해 주는 모든 것과 과학 사이의 흥미로운 연관성에 주목하고 있으며, 최신 기술이 어떤 식으로 사람들의 삶을 변화시키는지에 대해 관심이 많다. 지은 책으로는 《과학이슈 11 시리즈(공저)》가 있다

이제 '악어백' 대신 '선인장백' 든다?

윤기 나는 빛깔, 부드러운 감촉,
뛰어난 보온성과 내구성 및
방수성을 모두 갖춘 가죽은
오랫동안 사랑받는 패션
소재다. ⓒgettyimages

선사 시대를 묘사하는 여러 작품에 공통으로 나오는 장면이 있다.
동굴 속에서 살고 있는 우리 선조들이 동물 가죽으로 된 옷을 입고 단체
생활을 하는 모습이다. 영화, 소설, 만화 등 장르를 가리지 않고 비슷한
클리셰를 자주 확인할 수 있다.

실제 가죽은 오래전부터 의복의 재료로서 우리와 함께 해왔다. 섬
유를 가공할 수 있는 기술을 습득하기 전까지, 가죽은 추위와 각종 외부
공격으로부터 우리를 지켜주는 '옷감'으로서 오랫동안 우리 곁을 지킨
것이다.

이후 대량생산이 가능한 섬유 직물의 시대가 왔지만, 여전히 가죽
은 유용한 소재로 자리매김했다. 이는 반드르르 윤기 나는 빛깔과 부드
러운 감촉, 뛰어난 보온성과 내구성 및 방수성을 모두 갖췄기 때문인데,

특히 털이 붙어 있는 가죽인 모피는 고급스러운 외관과 비싼 가격을 바탕으로 오늘날까지 '부의 상징' 중 하나로 자리 잡고 있을 정도다. 모피 외에도 가방, 벨트, 구두, 소파 등 다양한 곳에서 가죽은 많은 이들에게 사랑받는 소재 중 하나다.

살아 있는 채로 가죽 벗기고 방치… 가죽 생산의 어두운 진실

그러나 가죽 제품들에는 여러 문제가 있다. 동물의 피부로부터 유래된 가죽은 필연적으로 많은 희생을 바탕으로 할 수밖에 없기 때문이다. 예를 들어 조그마한 악어백 1개를 만들기 위해서는 대략 4마리의 악어가, 소가죽 소파 1개를 만들기 위해서는 5마리의 소가 희생돼야만 한다.

더 큰 문제는 가죽을 얻는 과정 자체가 참혹하기 이를 데 없다는 점이다. 기본적으로 가죽을 얻기 위해 사육되는 동물들은 대부분 공장식 사육 환경에서 엄청난 스트레스와 함께 살아간다. 그런데 도살 과정은 이러한 사육 환경조차 무색할 정도로 잔인한 경우가 많다. 상당수의 동물이 살아 있는 상태 그대로 자신의 피부가 벗겨지는데, 이는 사후경직으로 인한 윤기 손상을 막고, 더 원활하게 가죽을 채취하기 위해서다.

대표적인 예가 바로 비단뱀이다. 특유의 고급스런 윤기로 유명한 비단뱀 가죽은 명품가방의 소재로 널리 애용되고 있다. 하지만 그 생산 과정은 전혀 고급스럽지 않다. 일단 포획된 비단뱀은 그 가죽 양을 늘리기 위해 며칠 굶긴 후 강제로 물을 먹여 부풀어 오르게 된다. 이를 못으로 매달아 고정시킨 후 그대로 목을 잘라 가죽을 얻게 되는데, 남은 본체는 그대로 버려지는 것이다. 그런데 뱀의 경우 머리가 잘려도 신경은 그대로 남아 있기에 죽는 순간까지 고통을 느낀다고 한다. 길게는 며칠까지도 고통에 몸부림치며 서서히 죽음에 이르는 것이다.

이러한 가죽 생산은 일부 동물들의 멸종위기로 이어지기도 한다. 희귀성이라는 명목하에 수마트라 호랑이, 샴 악어 등 일부 멸종위기종의 가죽을 얻기 위한 밀렵이 성행하고 있다. 국제동물보호단체 PETA에 따르면, 매년 10억 마리 이상의 동물들이 가죽 때문에 도살당하고 있다.

환경오염 유발하는 동물 가죽 무두질 과정

가죽 제조공정에서 발생하는 환경오염 역시 주목해야 할 부분이다. 가죽 제조공정은 크게 원피 전처리(trimming and soaking), 무두질(tanning), 염색 및 유화(dyeing and fat liquoring)의 과정을 거치는데, 이 중 논란이 되는 부분이 무두질이다. 전처리 공정을 통해 불순물을 제거한 가죽에 각종 화학적, 기계적 처리를 가해 탄력을 더해주고 부패를 막는 과정이다.

지금껏 많은 가죽공장에서는 무두질 공정에 크롬이란 금속이 포함된 염료를 사용하고 있다. 이를 가죽과 섞어 커다란 기계로 돌리는 방식을 통해 대량으로 무두질을 하는 것이다. 덕분에 굉장히 손이 많이 가는 작업인 무두질을 좀 더 쉽고 빠르게 진행할 수 있다.

다만 이 과정은 필연적으로 환경오염을 일으키게 된다. 크롬 성분을 포함한 고농도 폐수는 수질 오염의 주원인 중 하나로 손꼽히고 있으며, 가죽 속에도 상당량의 중금속이 남을 수 있다. 최근에는 나무에서 추출한 탄닌을 사용하는 식으로 오염을 줄이기 위한 방법이 종종 사용되지만, 시간과 비용이라는 측면에서 크롬 사용을 완전히 대체하기는 어려운 상황이다.

원피 전처리 과정에서 생기는 폐기물도 만만치 않다. 일반적으로 동물 피부에서 지방, 털, 단백질과 같은 불순물이 최대 3/4 정도까지 나온다고 하는데, 이러한 불순물은 그대로 폐기물로 남게 된다. 애초에 동물 사육에 소모되는 사료와 환경오염물질 배출 그리고 공간 사용을 감안한다면 가죽 제조공정은

소가죽 무두질에 쓰이는 큰 나무통. 지금까지 무두질 공정에 크롬이 포함된 염료를 사용해 왔는데, 이 과정에서 나오는, 크롬이 포함된 폐수는 수질 오염의 원인 중 하나였다.
©gettyimages

굉장히 비효율적인 동시에 비환경적인 작업이라 하겠다. 이에 가죽 수요의 큰손인 패션 업계는 자성의 목소리를 높여가고 있다. 특히 모피를 중심으로 그 움직임이 활발한데, 최근 샤넬(Chanel), 코치(Coach), 버버리(Burberry), 구찌(Gucci) 등 많은 패션 브랜드들이 '퍼-프리(Fur-Free)'를 외치며 일제히 천연 모피 사용을 중단하고 대체 소재를 사용할 방침임을 밝혔다.

국가 차원에서 모피 거래 및 생산을 제한하는 곳도 있다. 이스라엘은 2021년 12월부터 야생동물 모피 및 모피 제품의 거래를 금지했다. 단 과학, 종교, 교육 목적의 모피 거래는 허용된다. 대표적 모피 생산국으로 알려진 노르웨이는 2024년부터 모피 농장을 폐쇄할 계획이다. 이를 통해 2025년에는 모피 제조 자체를 근절할 계획이다. 미국에서는 캘리포니아주가 2023년 1월 1일부터 모피 제품의 판매 및 제조를 금지했다.

일반적인 가죽 역시 많은 브랜드에서 그 대체재 찾기에 나서며, 그 입지가 점차 좁아지고 있다. 이제 사람들이 동물권을 보장하고 친환경적이면서도 가죽의 장점은 그대로 살릴 수 있는 새로운 소재에 눈을 돌리게 된 것이다. 일명 '비건 패션'의 등장이다.

기존 인조 가죽, '레자'의 명과 암

오늘날 비건 패션이 트렌드로 자리 잡기 전, 이미 오래전부터 동물 가죽을 대체해 왔던 소재가 있었다. 일명 '레자(가죽을 뜻하는 leather의 일본식 발음)'라는 명칭으로 불리던 인조 가죽이다. 동물 가죽의 비인도적인 제작 과정이 수면 위로 떠오르면서 최근 많은 주목을 받는 소재다.

'동물 가죽의 저렴한 대체재'에서 '패션계가 주목하는 소재'로 위상이 올라간 인조 가죽은 생각보다 많은 장점을 갖고 있다. 첫 번째는 역시 가격이다. 인조 가죽은 폴리에스테르, 아크릴 등 합성섬유를 바탕으로 만들어지기에 원재료 수급과 대량생산이 동물 가죽과 비교할 수 없을 정도로 용이하다. 당연히 가격이 저렴할 수밖에 없다. 특히 소파와 같이 많은 면적의 가죽이 필요한 제품에 인조 가죽이 많이 쓰이는 이유다.

기존 동물 가죽에 비해 질적으로 인조 가죽이 우위를 점하는 부분도 있다. 바로 '염색'과 '가공'인데, 소재 특성상 마음대로 꾸미기가 어려운 동물 가죽과 달리 알록달록한 색을 마음대로 넣는 등 디자인 측면에서 월등하다. 동물 가죽에 비해 가볍고 관리하기 쉽다는 장점까지 겸비했다.

그런데 이런 인조 가죽에도 문제는 있다. 인조 가죽의 원료가 되는 합성섬유가 생각보다 환경에 악영향을 미친다는 점이다. 합성섬유는 기본적으로 석유와 같은 화석연료에서 추출한 고분자물질을 화학적으로 합성해 만들었기에, 그 제조 과정에서 환경에 부담을 줄 수밖에 없다. 이를 바탕으로 인조 가죽을 가공하는 과정에서도 많은 화학제품이 사용된다.

최근엔 그 세탁 과정에서 나오는 미세플라스틱이 큰 문제로 떠오르고 있다. 대표적인 사례가 인조 가죽의 주 소재 중 하나인 폴리에스테르인데, 세탁하는 과정에서 생기는 미세플라스틱이 이미 바다에 엄청나게 퍼져 있다. 실제 캐나다 해양보존협회 연구팀이 2016년 북극 바닷물의 미세플라스틱 분포를 1년간 조사한 결과, 1m³당 무려 40개의 미세플라스틱이 검출됐다. 그 대부분(92.3%)이 합성섬유에서 비롯된 것이었는데, 그중에서도 폴리에스테르가 가장 큰 비중(73.3%)을 차지했다. 결국 동물보호라는 측면에서는 인조 가죽이 도움이 될 수 있겠지만, 환경에 부담을 준다는 점에서는 궁극적 해결책이 될 수 없다는 아쉬움이 남는다.

인조가죽은 많은 장점을 갖고 있으나, 그만큼 단점도 많이 있다. 특히 환경에 부담을 준다는 점에서 궁극적 대안이 되기엔 아쉬움이 남는다.
ⓒpublicdomainpictures.net

파인애플 잎으로 만든 신발, 명품 되다

그렇다면 진정한 친환경 비건 패션은 어떻게 이룰 수 있을까. 동물의 사체나 합성섬유가 아니라 천연재료에서 가죽 소재를 얻기 위한 연구가 전 세계적으로 한창이다. 선인장에서 파인애플, 버섯 균사체에 이르기까지 그 종류도 다양한데, 이제부터 진정한 친환경 비건 패션을 이끌어 갈 차세대 신소재들을 알아보자.

먼저 소화에도 좋고 맛도 좋은 파인애플을 들 수 있다. 정확히는 먹는 파인애플이 아니라 파인애플을 수확한 후 남겨진 식물잎으로 만든 섬유(PineApple Leaf Fiber, PALF)다. 사실 파인애플 섬유는 그 강도와 세밀도가 높아 건설재료나 자동차 부품의 일부로 쓰여 왔던 우수한 재료이기도 하다.

파인애플 섬유로 가죽을 만들겠다는 아이디어는 스페인 출신 디자이너 카르멘 히요사(Carmen Hijosa)로부터 나왔다. 필리핀 전통 의상인 '바롱 타갈로그'에서 영감을 얻은 그녀는 무려 7년을 연구한 끝에, 2016년 마침내 '피냐텍스(Piñatex)'라는 파인애플 가죽 상품을 개발하는 데 성공했다.

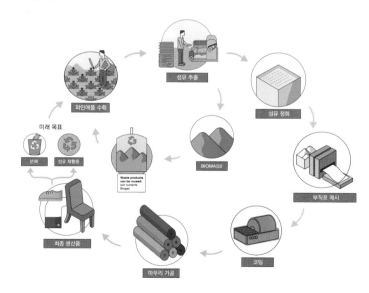

'피냐텍스'는 버려지는 파인애플 잎을 모아 생산된다. 친환경적이면서도 내구성이 좋아 신발, 의자, 가방 등 다양한 곳에 사용될 수 있다.
ⓒAnanas Anam

▲아나나스 아남과 파트너십을
체결한 나이키는 파인애플
가죽인 '피냐텍스'로 만든
파인애플 신발을 최근
선보였다. ©Nike

▼파인애플 가죽 '피냐텍스'로
만든 휴고보스 신발.
©hugoboss.com

피냐텍스를 생산하기 위해선 먼저 버려지는 파인애플 잎을 모아 각종 불순물을 제거하고, 그 섬유질을 뽑아내 건조시킨 후 부직포로 만들어야 한다. 이를 가공하면 실제 동물 가죽처럼 내구성 좋은 파인애플 가죽이 만들어진다. 피냐텍스 생산업체 아나나스 아남(Ananas Anam)이 밝힌 바에 따르면, 파인애플 16개로 1㎡의 피냐텍스를 만들 수 있다고 한다.

이런 피냐텍스의 가장 큰 장점은 역시 친환경적이라는 것이다. 기본적으로 파인애플 부산물을 재활용하는 것이기에, 원료를 공급하기 위한 경작지를 따로 만들 필요가 없다. 또 생산과정에서 발생되는 바이오매스는 비료 등으로 재활용할 수 있어 재배농가에 큰 소득원이 되기도 한다. 결과적으로 피냐텍스를 만들며 생기는 폐기물은 5%에 머무는데, 동물 가죽을 만들면서 생기는 폐기물이 평균 25% 수준임을 감안한다면, 그 효율 역시 높다는 것을 알 수 있다.

선인장, 와인 찌꺼기로 만든 가죽… 지속가능성 확보

멕시코의 패션업체 데세르토(Desserto)는 얼마 전 선인장 잎을 가죽으로 만들어 세상을 놀라게 했다. 멕시코를 대표하는 식물인 선인장은 물이 적어도 생존할 수 있고, 척박한 땅에서도 잘 자라는 것으로 유명하다. 또 잎을 잘라내면 일정 시간 후 재생하기에, 지속가능성이라는 측면에서도 좋은 소재라 할 수 있다.

선인장 가죽을 만들기 위해선 먼저 수확한 잎을 깨끗이 세척하고, 이를 잘게 가루로 만들어야 한다. 이후 여러 무독성 화학물질을 섞어 섬

◀멕시코의 패션업체 데세르토(Desserto)가 선인장 잎을 가죽으로 만들었다. 튼튼한 동시에 우월한 통기성을 지니고 있어 동물 가죽을 대체할 소재로 주목받고 있다. ⓒDesserto

▶와인 공정에서 나온 폐기물도 친환경 가죽의 좋은 소재가 될 수 있다. 이탈리아의 비제아(Vegea) 사가 우수한 와인 가죽을 선보였다. ⓒVegea

유화하면 좋은 품질의 가죽을 얻을 수 있다. 이렇게 만들어진 선인장 가죽은 튼튼한 동시에 우월한 통기성을 지니고 있어 동물 가죽을 대체할 소재로 각광받고 있다. 그 수명 또한 10년에 달한다고 한다.

와인 생산 후 생기는 포도 찌꺼기도 유용한 소재가 된다. 패션 강국 이탈리아의 비제아(Vegea) 사가 와인 가죽을 선보였는데, 이는 포도 줄기는 물론이고 씨앗, 껍질처럼 와인 공정에서 나온 폐기물을 바탕으로 섬유질과 바이오 오일을 뽑아내 역시 비독성 화학물질로 가공한 가죽이다. 그 제작 방식이 사뭇 선인장 가죽과 비슷한데, 생산 과정에 있어 물을 거의 소모하지 않는다는 장점까지 동일해 지속가능성을 더욱 높여주고 있다.

비제아 사의 설명에 따르면 연간 와인 260억 L를 생산하는 데 무려 70억 kg의 포도 찌꺼기들이 발생한다고 한다. 그런데 이를 태워버리는 대신, 가죽의 원료로 사용하면 연간 최대 30억 ㎡의 와인 가죽을 만들 수 있다.

이러한 점을 인정받아 비제아 사의 와인 가죽은 2017년 '글로벌 체인지 어워드(Global Change Award)'에서 1위를 차지하기도 했다. 이는 지속 가능하고 환경친화적인 패션을 위해 관련 아이디어에 상을 주는 최고 권위의 대회다. 패션계에서 와인 가죽의 우수성을 인정했다는 의미다.

와인과 가죽의 기묘한 관계는 여기서 그치지 않는다. 와인의 병마

개로 익히 알려진 코르크 또한 가죽 재료로서 최근 주목받고 있다. 20년 넘게 자란 코르크 나무의 껍질은 매우 두껍기로 유명하다. 채취한 껍질을 잘 말린 뒤 얇게 자르고 패브릭 소재와 결합하면 탄성 좋고 부드러우면서도 가벼운 코르크 가죽이 된다. 내구성 역시 동물 가죽에 비교해 손색이 없다. 특히 나무껍질마다 그 무늬가 조금씩 다르기에, 같은 디자인 제품이라도 다양한 느낌을 줄 수 있는 것이 코르크 가죽의 매력이다.

비슷하게, 닥나무로 만든 한지에 패브릭 소재를 결합한 한지 가죽도 있다. 코르크 가죽이 두꺼운 껍질을 압착시켜 만든다면, 얇디얇은 한지 가죽은 여러 소재를 더하며 두께를 더한다는 차이가 있다. 이렇게 만들어진 한지 가죽은 자수, 금박, 디지털 프린트 등 다양한 디자인 작업이 용이해 디자이너들에게 인기를 끌고 있다. 한지 가죽은 또한 닥나무 특유의 항균성 덕분에 유아용품이나 침구류처럼 위생에 민감한 제품에도 부담 없이 사용할 수 있다.

곰팡이가 만들어 가는 새로운 패션

많은 이들에게 익숙한 식물이 아니라 완전히 새로운 개념의 소재도 눈에 띈다. 버섯 뿌리 부분을 이루고 있는 곰팡이, 균사체다. 균사체가 주목받는 이유는 동물 가죽과 유사한 물리적 특성을 갖고 있기 때문이다. 단백질, 키틴 등을 포함한 균사체에 추가적으로 바이오매스를 첨가해 단백질 혹은 키틴의 함량을 적절히 조절하면, 그 성질을 다양하게 조절할 수 있다.

이 외에도 균사체 가죽에는 많은 장점이 있다. 가장 큰 장점은 역시 빠른 생장성이다. 쓸만한 정도의 가죽을 얻기 위해서 동물은 최소 몇 년, 식물 역시 최소 몇 개월은 기다려야 하지만, 균사체는 이 기다림이 단 몇 주로 줄어든다.

균사체를 키우는 과정 역시 동물과 식물에 비해 수월하다. 톱밥, 옥수수 속대 등 농업 폐기물에서 자라나는 균사체는 이론적으로 빛이

◀미국 스타트업
마이코웍스(MycoWorks)가
버섯 균사체로 만든 가죽.
생장이 빠르고 분해가 쉽다는
장점을 갖고 있다. ⓒMycoWorks

▶에르메스가 마이코웍스와
독점 계약을 맺고 출시한,
버섯으로 만든 가죽백.
ⓒMycoWorks

없어도 무방하고, 공간 역시 적게 차지하기 때문이다. 이 과정에서 여러 바이오 폐기물을 분해하거나, 기후위기의 원인인 탄소를 균에 저장하기도 하는 것처럼 다양한 효과도 발휘한다.

이에 농업 생산 활동의 부산물을 주로 이용하는 식물성 가죽과는 달리, 아예 가죽을 만들기 위한 목적으로 균사체를 키우는 업체가 있을 정도다. 미국 샌프란시스코에 위치한 스타트업, 마이코웍스(MycoWorks)가 대표적이다.

한편 균사체 가죽이 가진 또 다른 장점으로는 수명이 다할 경우 폐기하는 것이 매우 수월하다는 사실이 꼽힌다. 말 그대로 땅에 묻으면 다른 소재에 비해 쉽게 썩어 생분해되기에, 생산부터 폐기까지의 전 과정이 모두 친환경적이라 할 수 있겠다. 이런 장점을 인정받아 마이코웍스는 최근 명품 브랜드 에르메스(HERMES)와 독점 계약을 체결하고 3년간 실바니아(Sylvania)라는 이름의 균사체 가죽을 제공하기로 했다.

콜라겐으로 가죽 만들고, 3D 프린터로 모피 털 구현

얼마 전부터는 DNA 편집이라는 최신 바이오 기술도 비건 패션에 동원되고 있다. 2018년 미국 생명공학 스타트업인 모던 메도우

모던 메도우가 내놓은
'조아(ZOA)'. DNA 편집이라는
최신 바이오 기술을 통해
만들어진 콜라겐 가죽이다.
ⓒModern Meadow

(Modern Meadow)는 '조아(ZOA)'라는 이름의 가죽을 내놓아 모두를 놀라게 했는데, 이는 콜라겐을 통해 만든 것이다.

사람들이 주목한 점은 이 콜라겐이 실험실에서 만들어졌다는 사실이다. 모던 메도우 사는 단백질 콜라겐의 DNA를 편집해 가죽의 특성을 지닌 콜라겐을 만들고, 이를 3D 프린터로 인쇄하는 방법으로 인공 가죽을 만들어냈다.

모던 메도우 사의 설명에 따르면, 이 콜라겐 가죽은 기존 가죽보다 얇지만 그 느낌이나 내구성 등이 동물 가죽과 비슷하다고 한다. DNA 편집에 따라 그 성질을 다양하게 변형시킬 수 있기에, 고객의 요청에 따라 맞춤형 가죽을 생산할 수 있다는 장점도 있다. 탄소 배출량 역시 기존 가죽 가공에 비해 80%나 감축시켰다.

한편 가죽을 넘어 모피 특유의 털을 과학기술로 구현하고자 하는 실험도 줄기차게 진행되고 있다. 여러 합성수지를 바탕으로 진짜 털과 비슷한 질감을 구현하는 것이 그 핵심이다. 사실 아크릴과 폴리에스테르 등을 중심으로 한 기존의 인조 모피들은 천연 모피 특유의 질감과는 차이를 보였다. 생산과정에서 생기는 환경오염 역시 적지 않았기에, 그 모순을 비판하며 많은 패션 브랜드들의 인조 모피 판매를 그저 상술로 치부하는 목소리 또한 적지 않았다.

이에 장미, 삼과 같은 식물성 소재에서부터 새 옷을 만들고 남은 자투리 원단, 사람들이 입고 버린 헌 옷 등 다양한 재료를 바탕으로, 친환경적이면서 질감도 뛰어난 인조 모피를 제작하기 위한 연구가 진행 중이다. 특히 얼마 전에는 3D프린팅을 이용한 획기적 방법이 나와 관심을 모으기도 했다.

2016년 미국 MIT 미디어랩은 3D프린터를 활용한 인조 모피 제작 기술을 공개했다. 충치 치료에 쓰이는 합성수지를 바탕으로 모피 특유의 부드러운 질감을 살린 것이다. 연구진은 이를 위해 두께 50μm(마이크로미터, 1μm=100만분의 1m)의 구조물을 수천 개나 인쇄해 꼼꼼히 배치했다고 한다.

킬리아(Cilllia)라는 이름을 가진 이 기술의 장점은 3D프린팅을 통해 다양한 특성을 구현할 수 있다는 점이다. 예를 들어 털의 방향이나 두께, 길이 등의 특성을 자유자재로 제어할 수 있는 전용 모델링 소프트웨어만 있으면, 좀 더 정교하면서도 개성 있는 수천 개의 털을 어렵지 않게 구현할 수 있다는 의미다.

재생 나일론, 고어텍스… 천연 소재 외에도 방법은 많다

여기서 잠깐. 비건 패션의 범위는 어디까지로 정의해야 할까. 정확한 정의가 내려진 것은 아니겠지만, 꼭 식물이나 천연 소재를 사용한 것이 아니라도 '생태계를 배려하고 지속가능성을 추구하는 패션이라면 충분히 비건 패션으로 볼 수 있다'는 것이 관련 전문가들의 입장이다. PETA 역시 이런 점을 감안해 재활용된 플라스틱 섬유, 고어텍스 텐셀 등 논비건 소재 일부를 비건 패션의 범주에 포함시키기도 했다(PETA's vegan clothing, 2020).

그런 의미에서 꼭 식물성 소재나 획기적인 연구결과가 아니더라도 환경을 아끼고 지속가능성을 추구한다는 의미에서 비건 패션이라 부를 수 있는 소재도 적지 않다. 명품 브랜드 프라다(PRADA)에서 2019년부터 진행한 '리나일론(Re-Nylon)' 프로젝트가 대표적인 예다. 자사 대표 가방들을 새롭게 재해석하는 리나일론 프로젝트의 주 소재는 에코닐(ECONYL®)이라는 이름의 재생 나일론이다. 아쿠아필(Aquafil)이라는 섬유 생산 기업과 프라다가 함께 개발한 에코닐은 최근 바다 오염의 주

프라다(PRADA)에서 2019년부터 진행한 '리나일론(Re-Nylon)' 프로젝트. 식물이나 천연 소재를 사용한 것이 아니지만, 충분히 비건 패션의 하나로 인정받고 있다. ⓒPRADA

노스페이스(THE NORTH FACE)에서 2021년 9월 선보인 'K-에코 플리스 컬렉션'. 폐페트병을 리사이클링한 원단을 적용해 만든 것으로 유명하다. ⓒTHE NORTH FACE

범으로 잘 알려진 플라스틱 폐기물, 어망 등을 수거해 만든 것이다. 특히 품질의 손상 없이 무한대로 재활용할 수 있어 지속가능성 측면에서 높은 평가를 받고 있다. 고무적인 점은 이런 프로젝트가 단순 1회성이 아니라는 사실이다. 프라다는 리나일론 프로젝트를 통해 2021년 말 자사의 기존 나일론 제품을 리나일론 제품으로 대체했다고 밝혔다.

최근 기능성 소재로 각광받는 고어텍스(GORE-TEX) 역시 훌륭한 비건 패션의 소재가 될 수 있다. 내구성과 방수성을 고루 갖추었기에 신발 등의 영역에서 훌륭한 가죽 대체재로 자리매김했다.

플리스(Fleece)도 빼놓을 수 없다. 풍성한 질감을 자랑하는 플리스는 양털처럼 포근한 느낌과 함께 뛰어난 보온성을 자랑하는 겨울용 옷감인데, 양털 소재 코트를 대체할 수 있는 최적의 소재 중 하나로 꼽히고 있다. 옷감을 생산하기 위해 양들이 도살되는 것은 아니지만 양털을 깎는 과정에서 수많은 학대가 벌어지기에, 이를 대체하는 것은 동물보호에서 중요한 역할을 할 수 있다. 지금까지 플리스는 주로 폴리에스테르를 기본으로 만들었으나, 얼마 전부터는 폐페트병을 재활용해 만드는 경우가 늘어나고 있다. 노스페이스(THE NORTH FACE)의 '에코 플리스 컬렉션'이 대표적이다.

실크를 대체하기 위한 연구도 한창이다. 실크는 누에가 고치를 만들 때 짜는 섬유의 일종인데, 문제는 살아 있는 누에를 끓여 강제로 이를 만들게 하는 식으로 학대가 종종 이뤄진다는 점이다. 나일론, 폴리에스테르 등의 대체 소재가 있지만 실크만의 부드러운 느낌을 살리기는 쉽지 않았다. 그 대안으로 떠오른 것이 거미줄이다. 미국 스타트업 볼트 스레드(Bolt Threads)는 거미의 DNA를 변형시키고, 이를 효모에 심어 거미줄과 동일한 성분의 단백질을 생산하는 데 성공했다. 이를 바탕으로 만든 마이크로실크(Microsilk)는 부드러우면서도 강한 거미줄의 성

변형한 거미 DNA를 효모에 심어 제작한 마이크로실크(Microsilk). 부드러우면서도 강한 거미줄의 성질을 모두 갖고 있다. ⓒBolt Threads

질을 모두 갖고 있다. 대량생산에 이은 상용화는 아직이지만, 실제 단백질에 기반해 제작된 대안 실크라는 점에서 많은 주목을 받고 있다.

비건 패션이 가진 지속가능성, 선택 아닌 필수

지금껏 다양한 비건 패션 소재와 관련 노력들을 살펴봤다. 그런데 이렇게 다양한 움직임에도 불구하고 아직 비건 패션이 대세라고 하기엔 부족함이 많다. 외투는 물론 신발, 가방, 벨트, 자동차 시트 등 다양한 패션 소품에 쓰이는 가죽과 모피가 워낙 많기 때문이다. 그 수요량을 감당하기 위해서는 본격적인 대량생산 체제를 구축해야 할 뿐 아니라 가격 경쟁력까지 갖춰야만 한다. 또 합성섬유를 바탕으로 제작되는 일부 논비건 소재들이 적지 않은 환경오염을 발생시킨다는 점 역시 점차 해결해야 할 요인이라 하겠다.

중요한 것은 이런 숙제에도 불구하고 비건 패션의 확장성은 갈수록 커질 것으로 보인다는 점이다. 윤리적 소비에 대한 목소리가 점차 높아지고 있기도 하지만, 기본적으로 지속가능성이라는 측면에서 큰 차이가 나기 때문이다.

이를 잘 보여주는 것이 히그 지수(Higg Index)다. 이는 소재 생산에서부터 폐기까지의 전 과정을 추적해 '의류 소재 1kg 생산에 들어가는 환경부담지수'를 수치로 표현한 것이다. 그에 따르면, 소(161), 알파카(281) 등의 가죽은 인조가죽(59)에 비해 크게 4배가 넘는 히그 지수를 기록하고 있다. 인조 가죽보다 더 친환경적으로 제작되는 식물성 가죽이 그보다 큰 차이를 보일 것은 당연한 일이다. 기후위기 대응이 이제 '선택이 아닌 필수'라는 점을 생각해 본다면, 비건 패션의 확장은 어찌 보면 당연한 시대의 흐름이라 할 수 있겠다.

2022 노벨 과학상

ISSUE 11 기초과학

이충환

서울대 대학원에서 천문학 석사학위를 받고, 고려대 과학기술학 협동과정에서 언론학 박사학위를 받았다. 천문학 잡지 「별과 우주」에서 기자 생활을 시작했고 동아사이언스에서 「과학동아」, 「수학동아」 편집장을 역임했으며, 현재는 과학 콘텐츠 기획·제작사 동아에스앤씨의 편집위원으로 있다. 옮긴 책으로 《상대적으로 쉬운 상대성이론》, 《빛의 제국》, 《보이드》, 《버드 브레인》 등이 있고 지은 책으로는 《블랙홀》, 《칼 세이건의 코스모스》, 《반짝반짝, 별 관찰 일지》, 《재미있는 별자리와 우주 이야기》, 《재미있는 화산과 지진 이야기》, 《지구온난화 어떻게 해결할까?》, 《과학이슈 11 시리즈(공저)》 등이 있다.

2022년 12월 10일 스웨덴
스톡홀름에서 열린 노벨상
시상식. ©Nobel Prize Outreach/
Nanaka Adachi

2022년 노벨 과학상은 양자 얽힘 규명, 클릭화학 개발, 고유전체학 연구에

2022년 노벨상 수상자들.
©Nobel Prize Outreach/Clément Morin

2022년 노벨상은 러시아의 우크라이나 침공에 영향을 받았다. 코로나19의 기세가 꺾이면서 2022년 노벨상 시상식이 대면으로 개최됨에 따라 기존 관례대로 스웨덴 주재 각국 대사를 초청했지만, 러시아와 벨라루스 대사는 초청 명단에서 제외됐다. 러시아의 우크라이나 침략 때문에 노벨재단이 러시아 대사와 러시아의 주요 동맹국 벨라루스 대사를 초청하지 않기로 했기 때문이다. 또 2022년 노벨 평화상 수상 결과도 러시아의 전쟁을 비판하는 의도가 담겼다. 러시아를 비롯한 권위주의 정권에 맞서 싸운 인권 운동가(벨라루스 시민운동 지도자 알레스 비알리아츠키)와 인권 단체 2곳(러시아 시민단체 메모리알, 우크라이나 시민단체 시민자유센터)에 공동으로 노벨 평화상을 수여했다. 이들에게 상을 수여해 전쟁에 대한 비판 의지를 보여줬다는 평가도 나왔다.

121번째로 수여된 2022년 노벨상. 노벨 물리학상, 화학상, 생리의학상을 중심으로 2022년 노벨상을 좀 더 자세히 들여다보자.

부자(父子) 수상, 노벨상 2관왕이란 진기록 쏟아져

2022년 노벨상은 12명의 인물과 2곳의 단체에 돌아갔다. 물리학상, 화학상, 경제학상 수상자가 각각 3명이었고, 생리의학상, 문학상 수상자가 각각 1명이었다. 평화상은 활동가 1명과 단체 2곳에 주어졌다.

먼저 2022년 노벨상의 특징은 여성 수상자가 2명 배출됐다는 점을 손꼽을 수 있다. 노벨 문학상을 받은 프랑스의 작가 아니 에르노, 노벨 화학상을 공동 수상한 미국의 캐럴린 버토지가 그 주인공들이다.

특히 아니 에르노는 프랑스 현대문학의 대표적인 여성 소설가다. 프랑스는 노벨 문학상 수상자를 가장 많이 배출한 국가인데, 에르노를 포함해 모두 16명의 수상자가 나왔다. 그중 여성 수상자는 에르노가 처음이다. 에르노는 개인적 기억의 근원, 소외, 집단적 억압을 예리하게 탐구한 작가로 젠더, 언어, 계급 측면에서 첨예한 불균형으로 점철된 삶을 다각도에서 지속적으로 고찰해 자신만의 작품 세계를 개척해 왔다는 평가를 받았다.

또 다른 특징으로 대를 이은 수상자, 노벨상 2관왕이란 진기록도 쏟아졌다는 점에 주목할 필요가 있다. 노벨 생리의학상 수상자인 스웨덴 출신 진화생물학자 스반테 페보는 아버지에 이어 2대째 노벨상을 받는 영예를 누렸다. 그의 아버지인 스웨덴 생화학자 수네 베리스트룀은 1982년 노벨 생리의학상을 공동 수상했다. 페보는 자신의 저서 《잃어버린 게놈을 찾아서》에서 베리스트룀의 혼외자임을 고백한 바 있다. 베리스트룀과 페보는 부자가 대를 이어 노벨상을 받은 8번째 사례로 기록됐다.

노벨 문학상을 수상하고 있는 프랑스 작가 아니 에르노.

ⒸNobel Prize Outreach/Nanaka Adachi

노벨 화학상 수상자인 미국의 배리 샤플리스는 21년 만에 또다시 노벨상을 거머쥐는 기염을 토했다. 샤플리스는 2001년 비대칭 촉매반응으로 노벨 화학상을 받아 2번이나 노벨 화학상을 받았다. 이로써 역사상 과학 분야의 노벨상을 2번 수상한 사람은 모두 5명이 됐다. 이전까지 노벨상을 2번 받은 과학자는 마리 퀴리, 존 바딘, 프레데릭 생어, 라이너스 폴링이었다.

한눈에 보는 2022년 노벨 과학상 수상자 7인

구분	수상자(소속)	업적
물리학상	알랭 아스페(프랑스 파리 사클레대) 존 클라우저(미국 존 클라우저 협회) 안톤 차일링거(오스트리아 빈대)	양자 얽힘 현상을 실험적으로 규명해 양자기술의 활용 기반 마련
화학상	캐럴린 버토지(미국 스탠퍼드대) 모르텐 멜달(덴마크 코펜하겐대) 배리 샤플리스(미국 스크립스연구소)	화학물질을 쉽게 생성하는 클릭화학 개발
생리의학상	스반테 페보(독일 막스플랑크 진화인류학연구소)	고유전체학으로 인류의 진화 규명

◀알랭 아스페(프랑스 파리 사클레대) ©Nobel Prize Outreach/ Clement Morin

▼존 클라우저(미국 존 클라우저 협회) ©Nobel Prize Outreach/Nanaka Adachi

▶안톤 차일링거(오스트리아 빈대) ©Nobel Prize Outreach/ Nanaka Adachi

노벨 물리학상, 양자 얽힘을 실험으로 규명해 양자기술 시대를 열다

2022년 노벨 물리학상은 양자 얽힘 현상을 실험으로 검증하고 양자컴퓨터·양자통신 같은 양자기술 시대를 여는 데 기여한 물리학자 3명에서 수여됐다. 프랑스 파리 사클레대의 알랭 아스페 교수, 미국 존

클라우저 협회의 존 클라우저 창립자, 오스트리아 빈대의 안톤 차일링거 교수가 그 주인공들이다.

노벨위원회는 수상자들이 얽힌 입자 쌍 가운데 한 입자에서 일어나는 일이 아무리 멀리 떨어져 있더라도 다른 입자에서 일어나는 일을 결정한다는 사실, 즉 양자 얽힘 현상이 실재한다는 사실을 증명했다면서 이를 통해 양자기술의 새로운 시대를 위한 토대를 마련했다고 선정 이유를 설명했다. 구체적으로 이들은 얽힌 광자들을 이용한 실험으로 '벨 부등식'의 위배를 확증하고 양자정보과학을 개척한 업적을 인정받았다.

'벨 부등식'의 위배를 확증하라!

최근 양자컴퓨터, 양자통신 같은 양자역학 관련 기술이 주목받고 있다. 이 같은 양자기술을 구현하는 핵심 원리는 바로 '양자 얽힘' 현상이다. 양자통신은 양자 얽힘 현상을 이용해 빛보다 빨리 정보를 전달하는 기술이다. 양자역학의 특성상 양자통신은 해킹할 수 없다는 사실이 가장 큰 특징이다. 또 양자컴퓨터는 양자 중첩, 양자 간섭, 양자 얽힘을 이용해 복잡한 계산을 획기적으로 빠르게 할 수 있을 것으로 기대된다. 특히 양자컴퓨터는 최적화 문제, 복잡계 해석 같은 일부 분야에서 슈퍼컴퓨터를 능가하는 성능을 보일 것으로 예상된다.

양자역학의 핵심 원리 중 하나인 양자 얽힘은 서로 떨어져 있는 두 입자 중에서 하나의 상태가 결정되는 순간 다른 하나의 상태도 결정되는 현상이다. 두 입자가 아무리 멀리 떨어져 있더라도 양자 얽힘은 일어난다. 양자 얽힘은 아인슈타인조차 '유령 같은 원거리 상호작용'이라고 표현하며 불만을 제기할 정도로 받아들이기 힘든 현상이었다.

1935년 아인슈타인은 양자역학이 국소적이고 실재론적인 고전적 세계관과 충돌한

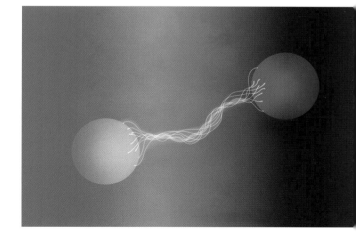

두 입자 사이의 양자 얽힘 현상을 표현하는 그림. ⓒJohan Jarnestad/The Royal Swedish Academy of Sciences

다는 사실을 깨달았으나 고전적 세계관을 버릴 수 없었다. 이에 아인슈 타인은 포돌스키, 로젠과 함께 양자역학이 완전한 물리 이론이 아니라 는 것을 보여주고자 세 사람 이름의 머리글자를 딴 EPR 역설을 발표했 다. 즉 양자 얽힘이 빛보다 빠른 무엇인가를 의미한다고 해석하며 광속 을 넘어서는 정보 전달은 특수 상대성이론에 어긋나므로, 동시에 양자 상태를 결정하는 어느 시점에서 '숨은 변수'가 있을 것이라고 주장했다.

1960년대 영국의 물리학자 존 스튜어트 벨이 양자 얽힘에 숨은 변 수가 있는지 증명할 수 있는 EPR 사고 실험을 고안했고 이에 관련된 '벨 부등식'을 제시했다. 즉 스핀 상태가 서로 얽혀 있는 두 전자를 가정 했을 때 각 전자를 관측해 결괏값이 어느 정도 서로 상관이 있는지를 수 치화한 상관함수를 생각해냈고 숨은 변수가 존재한다면(EPR 역설이 맞 는다면) 벨 부등식을 만족시켜야 함을 보였다. 벨 부등식은 숨은 변수가 있다면 대규모로 측정할 경우 측정 결과 간의 상관관계가 특정 값을 넘 지 않을 것임을 나타내는 부등식이다.

양자역학을 검증하고 양자통신, 양자 암호 연구 개척

이후 수많은 물리학자들이 벨 부등식의 타당성을 검증하기 위한 실험을 앞다퉈 시도했다. 첫 도전은 클라우저 창립자의 몫이었다. 1972 년 클라우저 창립자는 당시 버클리 캘리포니아대에서 칼슘 원자를 이용 해 얽힌 광자쌍을 만든 뒤 광자의 양을 측정하는 실험을 했다. 이 실험 을 통해 벨의 부등식이 깨지는 결과를 학계에 보고했다. 이는 기존 양자 역학 이론이 성립한다는 사실을 입증하는 성과였다.

그런데 클라우저 창립자의 연구에는 허점이 있었다. 1982년 아스 페 교수가 이 허점을 보완하는 새로운 실험을 고안해 연구를 진행했다. 즉 클라우저 창립자는 광자의 양을 측정하기 위해 정반대로 배치된 평 행 편광자에 통과시켰지만, 아스페 교수는 복수의 편광판을 준비해 광 자쌍이 만들어진 직후 측정 방향을 결정하는 방식으로 실험을 진행했다. 이 실험을 통해 벨의 부등식이 성립하지 않는다는 확신을 심어 주었다.

하지만 아스페 교수의 실험도 허점이 있었다. 즉 측정 장치가 불완전해 자주 광자들을 놓치는 문제가 발생했다. 차일링거 교수가 이를 보완하는 실험을 설계했다. 특별한 결정에 레이저를 쏘아 얽힌 광자쌍을 만든 뒤 실험을 진행했다. 이는 광자쌍을 이용한 '허점 없는' 벨 부등식 위배 실험이라는 평가를 받았다.

아울러 차일링거 교수는 벨 부등식 위배 검증을 넘어서 양자 순간이동(quantum teleportation), 양자 암호 실험 같은 다양한 양자 연구 분야를 개척했다. 1993년 베넷 등이 제안한 텔레포테이션 이론을 실험실에서 얽힌 광자들을 이용해 1997년 최초로 구현했다. 양자 상태를 한 입자에서 멀리 있는 입자로 이동시키는 '양자 순간이동'을 시연함으로써 장거리 양자통신의 초석을 놓았다. 또 양자 얽힘 현상을 기반으로 양자 암호 실험에도 성공했다.

벨 부등식 실험

존 클라우저는 칼슘 원자로 얽힌 광자쌍을 만든 뒤 양쪽에 필터를 설치해 광자의 편광을 측정했다. 측정 결과 벨 부등식이 깨졌음을 처음 확인했다.

알랭 아스페는 클라우저의 실험을 보완했다. 복수의 편광판을 이용해 광자쌍이 만들어진 직후 측정 방향을 결정하도록 실험을 진행했다. 역시 벨 부등식 위배를 증명했다.

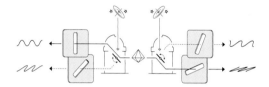

안톤 차일링거는 특별한 결정에 레이저를 비춰 얽힌 광자쌍을 만들고 난수를 사용해 측정 설정을 바꾸며 실험했다. 한 실험에서는 먼 은하에서 오는 신호를 이용하기도 했다.

©Johan Jarnestad/The Royal Swedish Academy of Sciences

노벨 화학상, 화학물질을 쉽게 생성하는 '클릭화학' 개척하다

2022년 노벨 화학상은 분자가 더 빠르고 효율적으로 결합하도록 만드는 클릭화학과 생물직교 반응 분야의 토대를 마련한 화학자 3명에게 돌아갔다. 미국 스탠퍼드대의 캐럴린 버토지 교수, 덴마크 코펜하겐대의 모르텐 멜달 교수, 미국 스크립스연구소 배리 샤플리스 연구교수가 그 주인공들이다. 버토지 교수는 여성 수상자이고, 샤플리스 교수는 노벨상 2관왕에 오른 당사자다.

수상자들은 그동안 생성하기 어려웠던 분자 간 결합을 손쉽게 만드는 방법을 제시했다는 평가를 받았다. 노벨위원회는 이들의 연구성

◀캐럴린 버토지(미국
스탠퍼드대) ©Nobel Prize
Outreach/Nanaka Adachi

▲모르텐 멜달(덴마크
코펜하겐대) ©Nobel Prize
Outreach/Nanaka Adachi

▶배리 샤플리스(미국
스크립스연구소) ©Nobel Prize
Outreach/Clement Morin

과 덕분에 분자가 매우 간단한 경로를 통해 결합해 기능할 수 있다고 선정 이유를 밝혔다. 특히 이들은 신약의 독성을 평가하고 임상시험에 활용하는 것은 물론이고 항암제가 체내에서 표적을 찾아가 효능을 높이는 방법을 찾는 데 공헌했다.

'딸깍'하는 사이에 반응이 가능해

화학을 바꾼 클릭반응

버클을 끼우는 것처럼 쉽게 두 분자를 결합하는 반응이다. 구리 촉매를 이용해 아자이드와 알카인 반응기를 결합하는 반응이 가장 먼저 개발됐다.

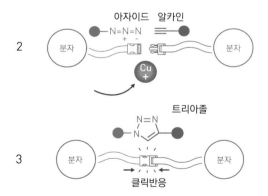

©Johan Jarnestad/The Royal Swedish Academy of Sciences

화학자들은 오랫동안 점점 더 복잡한 분자를 생성하려고 노력해 왔다. 예를 들어 제약 연구라고 하면, 이는 원하는 기능을 갖춘 천연 분자를 인위적으로 제조하는 일과 관련 있다. 화학자들의 노력 덕분에 많은 분자가 만들어졌지만, 원하는 기능을 갖출수록 분자구조가 복잡하고 대부분 제조하는 데 시간과 비용이 많이 들어간다는 점이 문제였다.

이번 노벨 화학상 수상자 중 샤플리스 교수와 멜달 교수는 분자 구성단위를 더 빠르고 효율적으로 결합하도록 만드는 기능적 형태의 화학, 일명 '클릭화학'의 토대를 마련했다. 또 버토지 교수는 클릭화학을 유기체에 적용하는 생물직교반응을 구현해 합성화학을 새로운 차원으로 끌어올렸다는 평가를 받았다.

화학자들이 클릭화학을 설명할 때 '어떤

것도 붙일 수 있다'고 설명한다. 마치 컴퓨터 마우스의 클릭음처럼 '딸깍'하는 사이에 2가지 분자를 효율적으로 연결시키는 반응이 가능하다는 의미다. 그만큼 어떤 분자도 쉽게 붙일 수 있다는 뜻이기도 하다. 생각하는 모양 그대로 분자를 100% 확률로 결합시킬 수 있고, 생체 분자가 많은 세포 환경에서도 촉매 없이 반응이 일어날 수 있다. 그동안 일반적인 화학반응은 실험실에서 구현한 특정 환경에서만 선택적으로 일어나 생명체에 적용하기는 힘들었다.

클릭화학과 생물직교반응으로 항체 신약 개발

2000년경 버토지 교수는 원치 않는 부산물의 영향을 받지 않으면서도 빠르고 단순하게 화학결합을 생성할 수 있는 클릭화학의 개념을 고안했다. 멜달 교수와 샤플리스 교수는 구리를 촉매로 활용해 아자이드 분자와 알카인 분자를 반응시켜 트리아졸을 생성하는 방법, 즉 클릭반응을 제시하기도 했다. 클릭반응은 다른 반응과 달리 연결하고자 하는 물질에 서로 영향을 주지 않고 안정적이다.

클릭반응이 공개되자 많은 화학자가 우아하고 효율적이라고 평가했다. 클릭화학은 현재 의약품 개발, DNA 매핑처럼 여러 물질 생성에 활용되고 있다. 물론 모든 화학반응에 클릭화학을 적용할 수는 없다. 샤플리스 교수에 따르면, 몇 가지 조건이 있다. 즉 반응물이 생성물로 거의 바뀌어야 하고, 다양한 작용기들에 대해 배타성(직교성)이 있어야 하며, 물과 산소가 있는 조건에서 반응이 진행될 수 있거나 생성된 결합이 안정적이어야 한다. 여기서 직교성이란 어떤 신호나 현상을 일으키는 주체들 사이에 관련성이 없다는 뜻이다.

버토지 교수는 세포에서도 활용할 수 있는 클릭화학, 즉 생물직교화학을 개발했다. 구조적으로 응축된 알카인을 도입했는데, 금속촉매가 필요하지 않도록 한층 발전시킨 것이다. 특히 이 방법은 살아 있는 세포에 전혀 나쁜 영향을 미치지 않는다. 버토지 교수는 1990년대부터 오랫동안 세포 표면의 생체 분자인 클리칸을 매핑하기 위해 살아

세포를 밝히는 생물직교화학

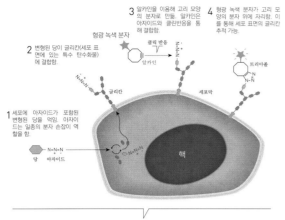

1 세포에 아자이드가 포함된 변형된 당을 먹임. 아자이드는 일종의 분자 손잡이 역할을 함.

2 변형된 당이 글리칸(세포 표면에 있는 특수 탄수화물)에 결합함.

3 알카인을 이용해 고리 모양의 분자로 만듦. 알카인은 아자이드와 클릭반응을 통해 결합함.

4 형광 녹색 분자가 고리 모양의 분자 위에 자리함. 이를 통해 세포 표면의 글리칸 추적 가능.

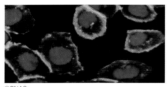

©PNAS

캐럴린 버토지는 클릭반응을 이용해 세포에서 글리칸을 추적했다. 글리칸은 사진에서 녹색 빛을 보인다.

©Johan Jarnestad/The Royal Swedish Academy of Sciences

있는 유기체 내부에서 작동하는 클릭반응, 즉 생물직교반응을 연구했다. 생물직교반응은 세포의 정상적인 화학반응을 방해하지 않고 외부에서 투입된 물질끼리만 선택적으로 일어난다는 것이 장점이다.

클릭화학은 전 세계적으로 세포를 탐색하고 생물학적 메커니즘을 찾아내는 데 활용되고, 생물직교화학은 임상시험 중인 암 신약 등에 적용될 수 있다. 실제로 단백질인 항체와 유기물을 연결시키는 과정이 필요한 항체 신약을 클릭화학으로 개발하고 있다. 이와 같은 방식으로 개발된 신약 가운데 미국식품의약국(FDA)이 승인한 약물이 10개 정도가 된다.

노벨 생리의학상, 고유전체학으로 인류의 진화를 밝히다

스반테 페보(독일 막스플랑크 진화인류학연구소) ©Nobel Prize Outreach/Nanaka Adachi

2022년 노벨 생리의학상은 오래전에 멸종한 호미닌의 게놈(유전체)을 분석해 인류의 진화과정을 규명한 인류학자에게 수여됐다. 독일 막스플랑크 진화인류학연구소 스반테 페보 소장이 그 주인공이다. 호미닌은 인간의 조상 종족으로 호모 사피엔스, 네안데르탈인, 하이델베르크인, 호모 하빌리스 등이 있다.

페보 소장은 고유전체학이라는 새로운 과학 분야를 탄생시킨 덕분에 노벨상을 단독 수상했다. 노벨위원회는 페보 소장이 멸종한 호미닌과 인간의 진화에 대한 비밀이 담긴 게놈에 관련된 중요한 발견을 했다고 선정 이유를 설명했다. 진화 인류학 분야에서 독보적인 그는 대를 이어 수상한 사례로 주목받기도 했다.

네안데르탈인의 DNA 분석에 성공해

페보 소장은 우리 인류가 어디에서 왔으며 우리 조상 및 친척과 같은 고인류(호미닌)가 멸종할 동안 인류가 어떻게 살아남았는지 등에 관한 근본적인 질문에 대답하고자 연구해 왔다. 1990년 인간 게놈 분석 연구가 한창이었을 때 페보 소장은 호미닌의 오래된 DNA에 관심을 갖고 많은 과학자가 불가능하다고 여긴 도전에 나섰다.

DNA는 시간이 흐르면 조각조각 부서지고 화학적으로 변형되어 수천 년 뒤엔 극히 일부만 남는다. 게다가 땅속에 묻혀 있는 동안 박테리아 같은 생물체의 DNA에 오염되기까지 한다. 그래서 오래전에 멸종한 네안데르탈인의 DNA 분석은 불가능하다고 생각해 왔다. 하지만 페보 소장은 이런 문제를 극복하기 위해 일반 DNA보다 작은 미토콘드리아 DNA를 연구대상으로 삼았다. 미토콘드리아 DNA는 크기가 작고 세포 일부의 유전정보만 담고 있지만 수천 개가 함께 존재하므로 염기 서열을 분석하는 데 성공할 가능성이 컸기 때문이다.

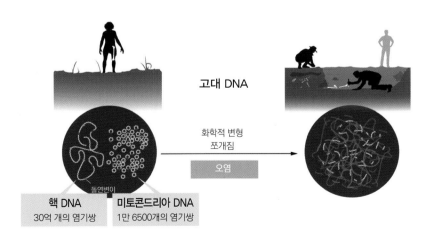

DNA는 세포의 핵과 미토콘드리아에 나뉘어 있는데, 미토콘드리아 DNA는 핵 DNA보다 크기가 훨씬 더 작다. 사망 후 DNA는 시간에 따라 분해되므로, 스반테 페보는 고인류의 미토콘드리아 DNA에 주목했다. ⓒMattias Karlén/The Nobel Committee for Physiology or Medicine

페보 소장은 미토콘드리아를 분석해 4만 년이나 지난 뼛조각에서 네안데르탈인의 DNA 염기서열을 분석하는 데 최초로 성공했다. 2010년 「사이언스」에 발표한 연구결과에 따르면, 네안데르탈인이 현생 인류와 완전히 다른 호미닌이지만 네안데르탈인과 현생 인류의 게놈이 연관성이 있음이 드러났다. 구체적으로 인류가 아프리카에 뿌리를 두고 있으며, 현생 인류인 호모 사피엔스가 7~10만 년쯤 아프리카를 떠나면서 네안데르탈인과 유전적으로 섞였음을 증명했다. 실제로 현대인 DNA의 1~4% 정도는 네안데르탈인의 유전자와 비슷하다.

최근 현생 인류의 유전자에서 고대 인류가 차지하는 비율이 인간의 질병에 영향을 줄 수 있다는 연구결과가 이어지고 있다. 2020년 페보 소장은 인간 게놈의 0.002%에 해당하는 유전체 부위가 코로나19 중증화와 강한 연관성이 있으며 이 부위는 네안데르탈인에게서 물려받은 것이라는 사실을 밝혀내기도 했다. 일부 현대인이 코로나19에 취약한 이유를 설명한 것이다.

새로운 고인류 '데니소바인'도 발견해

페보 소장은 새로운 호미닌을 발견해 고인류학을 이해하는 데 중요한 단서를 제공하기도 했다. 2008년 그는 러시아 알타이산맥의 데니소바 동굴에서 발굴한 4만 년 된 손가락뼈에서 DNA를 추출하고 분석하는 데 성공해 그 결과를 발표했다. 이 뼈의 주인공은 이전까지 밝혀지지 않았던 멸종된 호미닌이었는데, '데니소바인'이라고 명명됐다.

이어 페보 소장은 데니소바인의 핵 게놈을 해독함으로써 데니소바인이 현생 인류보다 네안데르탈인에 더 가깝다는 사실을 밝혀냈다. 또 오세아니아 원주민에게 데니소바인의 유전자가 5% 정도 있고 동남아시아 원주민에게는 데니소바인의 유전자가 최대 6%까지 존재하고 있음도 알아냈다. 과학자들은 데니소바인이 약 40만 년 전 네안데르탈인에서 갈라져 나와 시베리아, 알타이산맥, 동남아 지역에 살다가 3만~5만 년 전에 멸종한 것으로 추정한다.

호모 사피엔스가 아프리카를 떠나 다른 곳으로 이주할 때 유라시아 대륙 서쪽에 살던 네안데르탈인, 동쪽에 살던 데니소바인과 교류했다. 이종 교배의 흔적은 현대인의 DNA에 남아 있다. ⓒMattias Karlén/The Nobel Committee for Physiology or Medicine

이와 같은 페보 소장의 연구결과를 종합해 보면, 호모 사피엔스가 아프리카에서 살고 있을 때 유라시아에는 이미 네안데르탈인, 데니소바인 등 호미닌이 거주하고 있었으며, 호모 사피엔스가 약 5만 년 전 유라시아로 확산했을 때 네안데르탈인과 데니소바인이 호모 사피엔스와 교류해 현생 인류 진화에 영향을 주었음을 알 수 있다. 페보 소장은 호미닌의 유전체를 연구해 인류의 뿌리를 밝혀내는 데 공헌했다고 평가받는다.

2022년 이그노벨상

오리 떼는 왜 줄지어 헤엄칠까. 항문 없는 전갈은 짝짓기할 수 있을까. 아이스크림이 항암 부작용에 도움 될까. 이처럼 별난 궁금증의 해답을 찾고자 연구한 과학자들이 2022년 32회 '이그노벨상'을 수상했다. '괴짜 노벨상'이라 불리는 이그노벨상은 1991년부터 미국 하버드대의 유머과학잡지 「황당무계 연구연보(Annals of Improbable Research)」가 매년 전 세계에서 추천받은 연구 가운데 가장 기발한 연구를 선별해 수여한다.

2022년에도 10개 부문에 걸쳐 수상자를 발표했다. 해마다 수상 분야가 조금씩 바뀌는데, 2022년에는 물리학, 의학, 생물학, 응용심장

2022년 온라인상에서 진행된
32회 이그노벨상 시상식.
© improbable.com

학, 문학, 공학, 예술사, 경제학, 평화, 안전공학 분야에서 수상자가 선
정됐다. 주요 분야의 연구성과를 들여다보자.

물리학상: 오리 떼가 왜 줄지어 헤엄칠까?

호수나 강에서 오리 떼를 살펴보면 일렬종대로 헤엄치는 모습을
볼 수 있다. 미국 웨스트체스터대 유체역학자인 프랭크 피시 교수는 박
사학위과정에 다니던 1990년대에 새끼 오리들이 어미 뒤에서 줄지어
헤엄치는 모습을 보고 궁금증이 들었다. 피시 교수는 이 궁금증을 풀려
고 모형을 만들어 실험했다. 실험 결과 오리 떼가 일렬로 헤엄칠 때 생
기는 소용돌이 때문에 어미 뒤를 쫓는 새끼들이 에너지를 덜 쓰게 된다

어미의 뒤를 일렬로 줄지어
헤엄치는 거위 떼들의 사진과
스케치. ©Zhi-Ming Yuan

는 사실을 알아냈다. 그리고 2021년 스코틀랜드 스트래스클라이드대 유체역학자 지밍 위안 교수 연구팀도 거위 떼를 대상으로 같은 문제를 컴퓨터 모델로 분석했다. 분석 결과는 피시 교수의 연구결과와 비슷했다. 두 연구에 관련된 연구자들 모두에게 물리학상이 수여됐다.

생물학상: 항문 없는 전갈은 짝짓기할 수 있을까?

도마뱀이 위험에 처할 때 꼬리를 자르고 도망치듯이 전갈도 포식자에게 꼬리 같은 신체 일부를 잘라서 넘겨주고 도망친다. 이런 행위를 자절(自切)이라고 한다. 문제는 전갈의 항문이 절단되는 꼬리에 달려있다는 사실이다. 이렇게 꼬리를 자른 전갈은 항문이 없어 남은 일생 변비에 시달린다. 브라질 상파울루대 카밀로 마토니 연구진은 수컷 전갈의 자절과 생식 능력의 상관관계를 연구해 생물학상을 받았다. 연구결과에 따르면, 항문이 없는 전갈은 변을 배출하지 못해 이동이 둔해지고 결국 사망에 이르는데, 죽기까지 수개월 동안 느릿느릿 짝을 찾아다니며 짝짓기는 할 수 있었다.

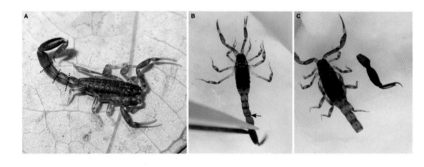

꼬리를 잘린 전갈. ©Camilo l Mattoni

의학상: 항암 부작용에 아이스크림이 도움 될까?

항암치료 과정에서 생기는 부작용 가운데 하나가 구내염(구강점막염)이다. 항암제를 투여하거나 방사선 치료를 받으면 입속의 상피세포가 파괴되므로, 입안이 헐거나 상처가 나면서 통증이 발생한다. 폴란드 바르샤바의대 마르신 야신스키 연구팀은 아이스크림이 항암치료 중인 환자에게 나타나는 구강점막염에 대한 예방 효과가 있다는 사실을 증명해 의학상을 받았다. 구강점막염을 예방하기 위해 흔히 냉동요법이 활용되는데, 실제 환자는 찬 얼음 대신 아이스크림을 대체하기도 한다. 연구팀이 항암제(멜팔란)를 투약하는 입원환자 74명 가운데 52명에게 아이스크림을 제공한 결과 이 중 15명(28.8%)에게 구강점막염이 발생한 반면, 아이스크림을 먹지 않은 나머지 환자 22명 중에서는 13명(59.1%)에게 구강점막염이 생겼다.

응용심장학상: 소개팅에서 만난 상대한테 얼마나 매력을 느낄까?

사랑을 느끼는 남녀에게는 심장이 쿵쾅거리고 전기가 흐르는 상황이 벌어질까. 네덜란드 라이덴데 엘리스카 프로차즈코바 연구팀은 소개팅에서 만난 상대에게 얼마만큼의 매력을 느끼는지 밝혀내 응용심장학상을 받았다. 연구팀은 한 번도 만난 적이 없는 남녀 140명에게 일대일 만남을 주선한 뒤 시선, 표정, 몸짓을 촬영하고 심장 박동수, 피부 전도도 등을 측정해 상대 매력과의 상관관계를 따져봤다. 그 결과 시선, 표정은 상대의 매력도와 별로 관계없었지만, 심장 박동수와 피부 전도도는 상대방에게 매력을 느낄수록 높아졌다. 이 연구결과는 2021년 국제학술지 「네이처 인간행동학」에 발표됐다.

이 외에도 일본 지바공대 연구팀이 손잡이를 돌리는 최적의 방법을 찾아내 공학상을 수상했고, 스웨덴 연구팀이 북유럽에서 교통사고를 자주 일으키는 큰 사슴을 본뜬 더미(충돌시험 인형)을 제안해 안전공학상을 받았다. 또 이탈리아 카타니아대 연구팀은 성공한 사람들에게 재능보다 운이 좋은 경우가 많다는 사실을 수학적으로 입증해 경제학상을 수상했고, 중국과학원 연구팀은 소문내기 좋아하는 사람이 언제 진실이나 거짓을 말할지 결정하도록 돕는 알고리즘을 밝혀내 평화상을 받았다. 아울러 미국 매사추세츠공대 연구팀은 법률 문서가 어려운 이유를 분석해 문학상을, 네덜란드 왕립진흥협회 연구팀은 고대 마야인의 토기에서 제식에 술과 환각제를 사용했다는 증거를 찾아내 미술사상을 각각 수상했다.